역 앞의 로터리 야경

육교 조명

조명 산책

현관 조명

사무실 조명

야구장 조명

연결 통로 조명(LED)

계단 조명

빌딩의 라이트업 조명

경기장 조명

광장 조명

기념물의 라이트업 조명

분수 조명

다리의 라이트업 조명

도시의 야경

혼시가교(본문 145쪽)

알기 쉽게 해설한
LED 조명

조명프로페셔널 센다이 가즈오(千代 和夫) 지음 | 구기준 옮김

백색광
황색광 청색광
청색 LED

전자의 흐름 전자의 흐름
p형 n형
+ −
정공(홀) 전자

일상의 조명을 기초부터 배울 수 있다.

BM 성안당
日本옴사・성안당공동출간

머리말

조명으로 둘러싸인 빛의 세계는 에너지 절약 트렌드뿐만 아니라 LED나 유기 EL 같은 새로운 디바이스의 등장으로 눈부신 기술 발전을 경험했고 다양한 업계에 새로운 바람을 불러 일으키고 있다.

지금까지는 조명에 대한 관심이 건축설비 설계에 종사하는 설계기술자, 건축디자이너 또는 주택관련 업계의 쇼룸에서 조명시안 어드바이스 등을 담당하는, 소위 업계 관계자에게 주로 국한되어 왔다. 최근에는 쾌적한 생활 공간을 창조하고 싶어하는 젊은 층부터 고령자 층, 또한 조명과 직접 관련이 없던 산업 분야의 엔지니어들을 포함하여 다양한 업계에 종사하는 분들에게까지 조명에 대한 관심이 확산되고 있다.

최근 조명이나 빛으로 생활 공간을 보다 쾌적하게 하고 싶다거나 조명이 가진 특성을 기초부터 배움으로써, 지금까지 가지고 있던 지식을 넓혀 더 새롭게 하고자 하는 욕구가 많이 일어나고 있다.

그에 더해 어려운 전기 기술 전문 용어를 사용하지 않으면서, 기본적으로 이해하기 쉬운 해설서를 바라는 사람들도 많다.

마침 오랜 세월 관련업계에서 조명 설계·시공에 종사하였고, 모든 시설 분야의 조명 프로젝트에 참여했던 경험을 살려서 최신 조명과 LED 지식을 알기 쉽게 습득할 수 있는 책의 출판 기획을 제안받았다. 그래서 이 책은 연수 컨설턴트회사의 연수원에서 조명·에너지절약 기술의 전임연수강사를 담당했던 경험을 많이 살린 내용으로 구성되어 있다. 수강생의 질문이나 의문점을 토대로 한 테마가 많이 있어 단숨에 독자를 조명의 달인으로 만들어 줄 것으로 기대한다.

내용적으로는 빛의 본질, 조명의 특성, 조명의 기초를 아는 것과 동시에 광원의 원리에서부터 최첨단 LED까지의 최신 기술 정보를 정리하고 있어 이 책 한 권으로 조명을 거의 이해할 수 있게 되어 있다. 또, 건축 분야의 조명뿐만 아니라 산업 분야에서의 조명 활용에 대해서도 사례를 들어 쉽게 소개하고 있으므로, 조명 분야 이외의 업계에 종사하는 분들도 흥미 있게 읽을 수 있을 것이다. 조명 전문가로서 조명 전문 분야에서 많은 경험을 쌓은 기술자가 쓴 조명 독본으로 쉽게 이해하는 것을 목표로 하였고, 전문서로서 그리고 입문 서적으로서 읽어주셨으면 좋겠다.

이 출판 기획에 도움을 주신 파나소닉주식회사·에코솔루션즈사 중앙조명엔지니어링그룹에서는 카탈로그 데이터를 제공하였고, 또 파나소닉에코솔루션즈 창연주식회사에서는 연수 사례로 많은 도움을 주신 것에 대해 깊은 감사를 드리며, 한국어판 발행을 맡아주신 도서출판 성안당에도 감사드린다.

조명 전문가 **센다이 가즈오**

차례

제**2**편 LED 조명의 기초

제**3**편 **진화하는 조명용 광원 – 백열등에서 LED 조명까지**

제4편 시설 분야의 LED 조명

제5편 LED 조명의 응용 개발

제6편 진화하는 조명 트렌드

제 1 편

조명의 이모저모

– 조명의 기본 지식

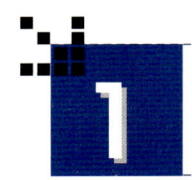

1 빛을 파장(전자파)으로서 생각한다

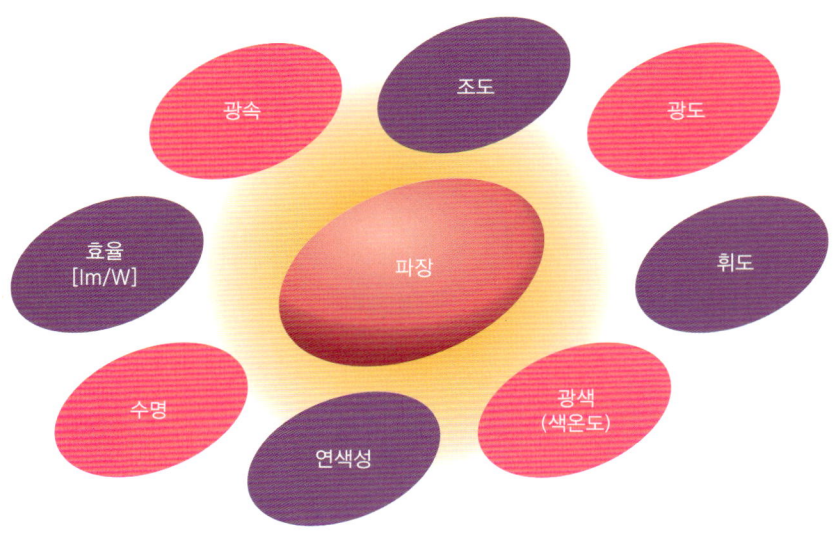

광속

조도

광도

효율
[lm/W]

파장

휘도

수명

연색성

광색
(색온도)

 조명을 "밝다" "어둡다" 등의 단순한 밝기로서 생각하는 것이 아니라 가시광선 영역의 파장으로서 생각해 보면 그 본질을 더 잘 알게 될 수도 있다.

광속, 조도, 광도, 휘도, 광색, 연색성, 수명, 효율이라는 지금까지 알려진 조명의 특성에 파장이라는 개념을 더해서 생각하면, 빛 자체의 특성이나 조명을 이용한 폭넓은 응용 범위가 보일 것이다.

화제가 되고 있는 LED나 유기 EL의 원리도 이해하기 쉽게 된다.

2 전자파와 가시광선

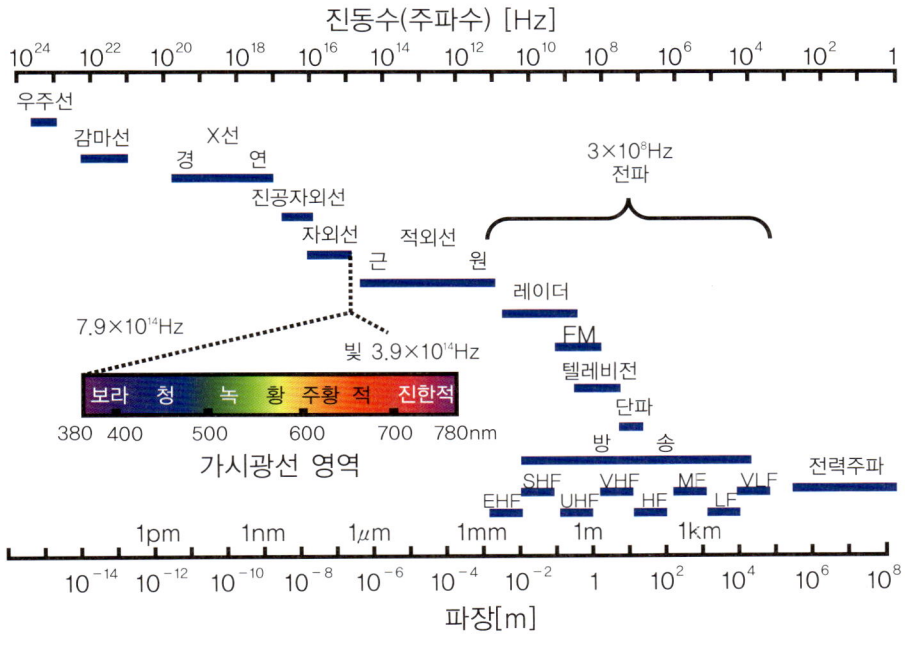

 빛은 가시광선이며, 가시광선도 전자파의 일종이다.

눈으로 볼 수 있는 좁은 범위의 파장이 가시광선으로, 그 전후에 파장이 다른 전자파가 분포해 있다.

가시광선보다 파장이 짧아지는 순서대로 자외선, X선, 감마선, 우주선이 있으며 또, 파장이 길어지는 순서대로 적외선(근적외선, 원적외선), FM 전파, 텔레비전 전파, 단파로 이어진다.

전자파가 싫은 여성도 있겠지만, 사실은 피부를 손상시키는 자외선(UV)이 싫다고 해야 정확한 표현이다.

진동수(주파수)와 파장을 곱하면 30만[km](3×10^8[m])가 된다. 380[nm]의 파장을 주파수로 나타내면 7.9×10^{14}[Hz]라는 관계가 성립된다.

3 지구에 내리쬐는 전자파

■ 전자파와 자외선, 가시광선, 적외선
프리즘…색의 차이는 파장의 차이

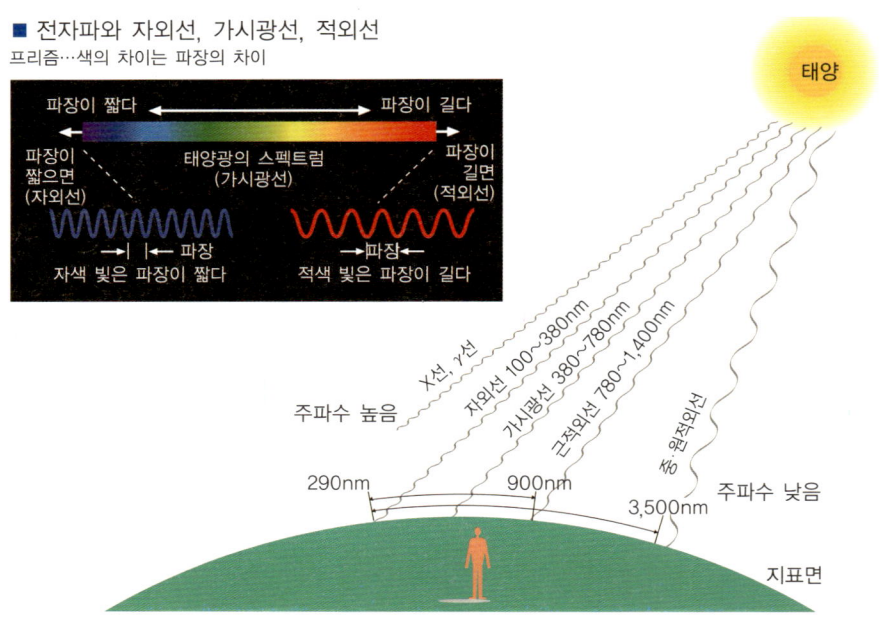

파장의 범위가 380에서 780나노미터[nm]까지인 전자파를 가시광선이라 하고, 인간은 이를 밝기로서 느끼고 있다. 그것보다 파장이 긴 적외선은 눈에는 보이지 않지만 여러 가지 형태의 열로서 감지되고 있다.

적외선은 적외선 난로나 가열·건조 등 공업용 제품부터 리모컨 등에 이르기까지 폭넓게 이용되고 있다. 또, 가시광선보다 파장이 짧은 범위의 전자파는 자외선이 된다. 태양으로부터 지구에 도달한 자외선이 대기권을 통과하는 사이에 산란·흡수를 반복하면서 살균선과 같이 파장이 짧은 방사선은 지상에 거의 닿을 수 없게 된다. 파장이 350[nm] 전후인 자외선은 화학 반응 효과가 크고, 파장이 300[nm] 전후인 자외선은 건강선이라고도 한다. 물론 가시광선도 프리즘으로 분광해 보면 빨강·분홍·주황·노랑·초록·파랑·남색·보라색으로 색이 나누어진다. 사실은 다양한 파장의 가시광선을 포함한 전자파를 태양으로부터 받고 있는 셈이라고 하겠다.

4 빛의 3원색 R·G·B

■ 프리즘에 의한 분광

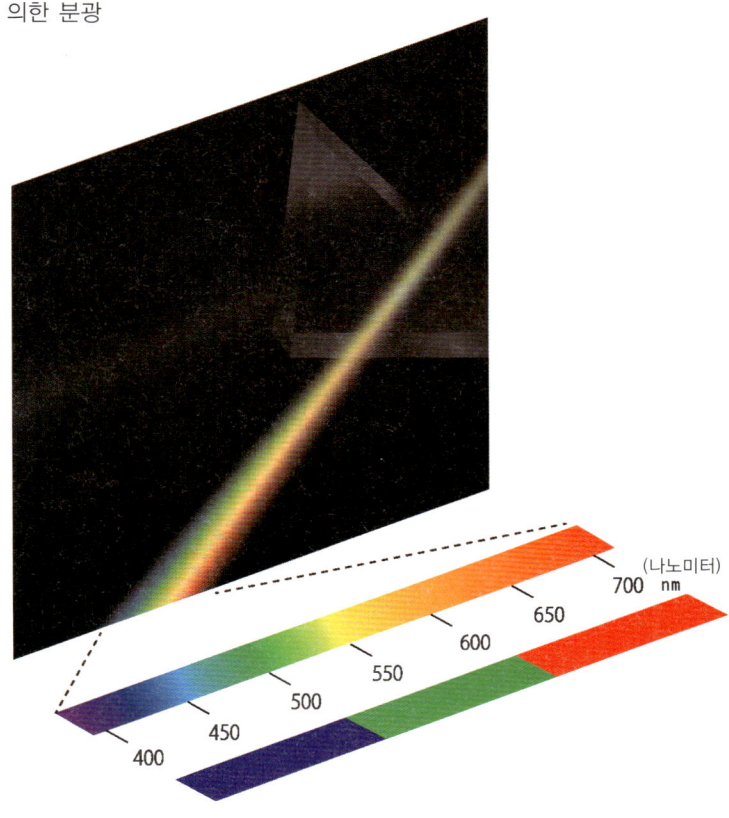

(나노미터)
700 nm
650
600
550
500
450
400

○ 태양광은 백색광이라고도 불리며, 다양한 색의 집합체라고 할 수 있다.

무수한 색의 빛을 포함하고 있는 백색광이기 때문에, 물체의 표면에서 반사하여 소재의 색이 되어 보인다.

터널 안의 나트륨등과 같이 황색만으로 된 단색광이면, 터널 안에 들어가자 마자 앞을 주행하고 있던 자동차는 색이 없는 농담색이 된다.

○ 가시광선의 범위를 적당하게 구역으로 나누면, R(Red), G(Green), B(Blue)로 구분할 수 있다.

이것이 자주 듣는 "R·G·B"이며, 「빛의 3원색」이라고 부른다.

5 빛의 3원색·물체의 3원색

🔴 **빛의 3원색(R·G·B)이 보이는 모양**

R(Red : 빨강)만의 빛에서는 빨강으로 보인다. R의 빛에 G(Green : 녹색)의 빛을 섞으면 황색(Yellow)이 된다. 다음에 R에 B(Blue : 청색)의 빛을 섞으면 자주색(Magenta)으로, G와 B를 섞으면 청록색(Cyan)이 된다. 그리고 이 3원색이 섞이면 백색이 된다.

🔴 **물체의 3원색(C·M·Y)이 보이는 모양**

R의 빛이 물체에 흡수되고, G와 B가 반사하면, G·B가 혼색되어서 청록색으로 보인다.

G의 빛이 물체에 흡수되면 R과 B가 반사하고, R과 B가 혼색되어서 자주색으로 보인다. B의 빛이 물체에 흡수되어 R과 G가 반사하면 R과 G가 혼색되어서 황색으로 보인다.

🔴 **백색·회색·흑색(W·Gy·Bk)이 보이는 모양**

R·G·B 전체가 물체에 반사하면 백색으로 보인다. R·G·B가 각각 20% 정도가 반사하면 회색으로 보인다. R·G·B 전체가 물체에 흡수되면 검은색으로 보인다.

6 빛의 흡수와 반사

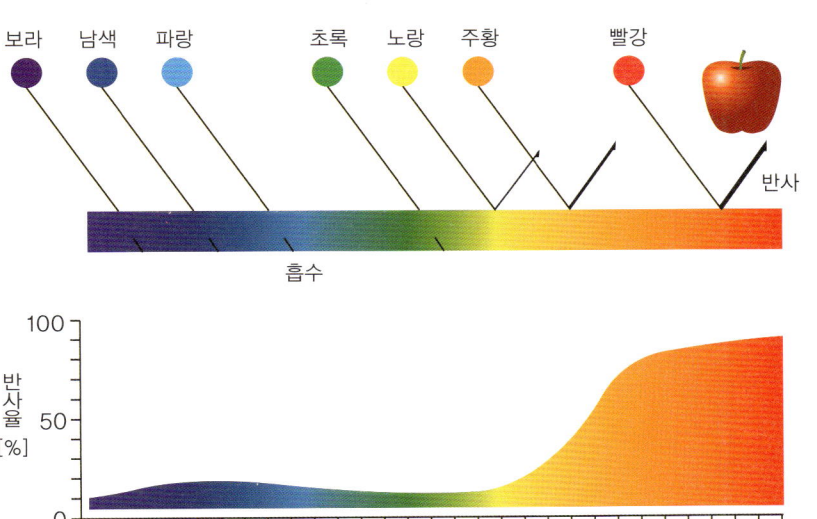

보라 남색 파랑 초록 노랑 주황 빨강

반사

흡수

사과의 분광 반사율 그래프

- 빨간 사과를 태양이나 조명에 비추면 붉게 보인다.

태양이나 조명광원에 포함되어 있는 빛의 변화는 없지만, 사과의 반사 성분에 의해서 빨간 사과로 보이거나 파란 사과로 보이는 것이다.

- 물질은 모든 빛을 반사, 흡수, 투과하는 비율이 다르기 때문에, 다양한 색으로 물들어 보인다.

이것을 반사율 그래프에 나타내면 위의 그림과 같이 된다.

다시 빨강 넥타이, 파랑 넥타이, 황색 손수건, 녹색 손수건을 보자. 어떤 소재에 어떤 빛 특성을 가진 광원으로 조명하면 좋을지 힌트가 된다.

경험으로 보면 빨강 벽돌의 벽면 라이트 업에는 청백색 수은등보다 고압 나트륨 램프로 조명했을 때 재질감이 더 선명하게 나온다.

7 사계절의 채색─신록과 단풍

 자연이 풍부한 우리나라의 사계절도 색을 빼고는 말할 수 없다.

신록의 계절에 녹색 잎은 녹색 이외의 빛을 흡수하고, 녹색의 빛을 반사하고 있다.

가을이 되면 광합성 기능도 저하되어 가는지 산뜻한 단풍으로 변한다. 이는 잎의

반사 성분이 변화하고 있음을 말해준다.

식물이 생육하기 위해서 필요한 파장을 보다 많이 흡수한다는 사실을 상상할 수

있다. 신록이나 단풍도 결국 빛의 특성으로 보는 것이 조명 엔지니어이다.

식물의 잎에는 클로로필, 안토시안, 카로티노이드가 있고, 클로로필이 엽록소이

다. 그 클로로필이 기온 저하에 의해 파괴되고, 안토시안의 빨간색이 나타나서

단풍이 된다.

8 광속·조도·광도·휘도

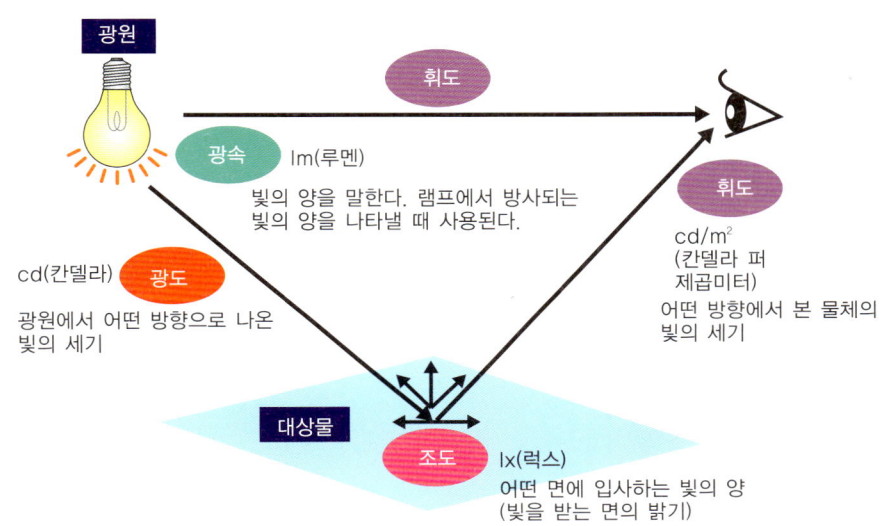

광원

휘도

광속 lm(루멘)
빛의 양을 말한다. 램프에서 방사되는
빛의 양을 나타낼 때 사용된다.

휘도
cd/m²
(칸델라 퍼
제곱미터)
어떤 방향에서 본 물체의
빛의 세기

cd(칸델라) **광도**
광원에서 어떤 방향으로 나온
빛의 세기

대상물

조도 lx(럭스)
어떤 면에 입사하는 빛의 양
(빛을 받는 면의 밝기)

🔆 조명의 기초 단위인 용어를 정리해 보자.

「밝다」,「어둡다」,「눈부시다」,「빛나다」,「반짝이고 있다」등 일상속에서 느끼는 감각은 어떤 것에 해당되는 것일까? 책상 위의 밝기나 조명에서 같은 거리에 있는 벽면이 표면 상태에 의해서 밝게도 어둡게도 보인다.

「마주 달려오는 자동차의 헤드라이트 때문에 눈이 부서 운전하기 어렵다.」,「형광등을 설치한 방이 백열전구를 설치한 방보다 밝지만 오히려 백열전구보다 형광등 쪽이 눈부시지 않다.」

이와 같이 밝다, 어둡다, 눈부시다 등 여러 가지로 표현하지만, 조명 용어로 표현하면 간단하게 설명할 수 있다.

🔆 예를 들면, 조명적으로는 다음과 같이 표현할 수 있다.

웨딩드레스를 입은 신부와 검은 예복 차림의 아버지가 나란히 있지만, 같은 조도 상태인데도 웨딩드레스에 비해 양복은 반사하는 휘도의 차이에 의해 밝기가 다르게 보인다. 높은 광도를 가진 스포트라이트가 뒤에 있어 눈이 부시기 때문에 신부의 얼굴이 보이지 않게 된다.

9 조명을 나타내는 용어·단위

단위	읽는 법		의미
lm	루멘	전광속	광원이 모든 방향으로 방출하는 빛의 양
lx	럭스	조도	광원이 밝히고 있는 면의 밝기
cd	칸델라	광도	광원에서 나오는 (어느 특정 방향의) 빛의 세기
cd/m²	칸델라 퍼 제곱미터	휘도	어느 특정 방향에서 본 물체의 빛나는 정도
K	켈빈	색온도	빛의 색을 숫자로 나타낸 것
Ra	알에이	평균연색평가수	광원의 색이 보이는 법을 나타내는 대표적인 지수
W	와트	소비전력	소비전력(램프전력)
lm/W	루멘 퍼 와트	램프 효율	전광속을 소비전력으로 나눈 수치

● **빛을 나타내는 용어나 단위**를 정리해 보자.

LED 조명의 등장으로 조명에 흥미를 가진 사람들도 많아지고 있다.

주택 쇼룸, 내장 설계, 점포 진열 등에서도 많이 쓰이기 시작하여 기술 용어에서 일반 용어가 되고 있다.

● 램프가 발산하는 광색은 **색온도 K(켈빈)**으로 나타내며, 이는 램프 자체가 발산하는 광색을 물리적으로 나타낸 것이다.

색온도는 이상흑체가 절대 온도로 발산하는 광색이라 말할 수 있지만, 좀 더 알기 쉽게 말하면 플라티늄(백금)을 가열할 경우, 정확히 그 온도가 되었을 때 발산하는 광색이라고도 말할 수 있다. 색온도가 3,000K 정도 되면 백열전구와 같은 따뜻한 색상의 빛이 나오는 것을 관찰할 수 있다.

● 자동차의 연비는 리터당 주행 거리[km/L]로 표현하지만, 조명의 효율은 전력 (W, 와트) 당 광속값(lm, 루멘)의 [lm/W]로 표현한다.

최근 조명 카탈로그에는 조명기구 품번과 함께 반드시 이 값[lm/W]을 기재하도록 되어 있다. 이에 관련하여 백열등은 15[lm/W], 인버터 형광등은 100[lm/W]이나 되어 백열등(실리카 전구)을 대형 제조업체가 생산을 중단하는 시대가 되고 있다. 백열전구가 생산이 중단되어도 대체 상품으로서 전구형 형광 램프와 LED 전구도 발매되고 있고, 중소 제조업체가 생산을 계속하고 있기 때문에 바로 없어지지는 않는다. 백열등에는 백열등 만의 장점이 있기 때문이다.

10 자연의 밝기는 0에서 10만 럭스까지

조도[lx]	환경
100,000	맑은 날 실외
	약간 흐린 날 실외
10,000	흐린 날 실외
	맑은 날 창가(남)
1,000	맑은 날 창가(북)
	밝은 사무실
100	일반 주택 실내
	지하철 연결 통로
10	바 등의 객석
	시가지 야간도로
	주택지 야간도로
1	
0.1	별빛(가로등 없음)

● 아날로그 계기로는 전압계도 전류계도 레인지 절환의 스위치가 있어서, 측정값이 커짐에 따라 몇 번이라도 레인지 절환을 한다.

● 특히 자연계의 조도는 별빛, 달빛의 레벨부터 비상등과 같은 1, 2럭스 레벨, 방범등이나 도로조명의 10럭스 레벨, 또한 현관, 복도, 주거 공간의 100럭스 레벨, 사무실의 500~1,000럭스 레벨, 가전제품 판매점이나 체육관과 같은 곳의 2,000럭스 레벨, 그리고 프로 야구, J리그스타디움 등은 4,000럭스에 이르는 등 조도는 점점 높아져 왔다.

맑은 날의 실외는 조도가 월등히 높아 10만 럭스나 된다. 흐린 날일지라도 가볍게 3~5만 럭스를 기록하기 때문에 태양 에너지는 굉장한 것이다.

● 사람의 눈은 별빛에서부터 맑은 날 태양의 아래쪽까지 레인지 절환 없이 물체를 보기도 한다. 그 이유는 암순응, 명순응에서 자세히 소개하겠다.

11 추장(推奬)조도와 그 조도 범위

■ 추장조도의 해당 조도 범위를 나타냄

추장조도(lx)	조도 범위(lx)
20	15~30
30	20~50
50	30~75
75	50~100
100	75~150
150	100~200
200	150~300
300	200~500
500	300~750
750	500~1,000
1,000	750~1,500
1,500	1,000~2,000
2,000	1,500~3,000

카메라 렌즈의 조리개와 광량

F값	등배수	광량
1.0	1	100
1.4	2	50
2	4	25
2.8	8	12.5
4	16	6.25
5.6	32	3.12
8	64	1.56
11	128	0.78
16	256	0.39

JIS Z 9110(2011) : 조명기준총칙 추가 보충(2011. 5. 9)

● 추장조도와 그 조도 범위를 정리해 보자.

카메라 렌즈의 조리개 값은 1.4, 2, 2.8, 4, 5.6, 8, 11, 16으로 새겨져 있지만, 정확히 스텝이 올라가면 통과하는 빛의 면적비는 반이 된다. 밝기의 감각도 1, 2, 5, 10, 20, 50, 100, 200, 500, 1,000, 2,000[lx]의 단계를 밟아 올라가고 있다. 두 배라는 등배 비율이 밝기의 감각과 상응하고 있는 것이다.

● 인간이 느끼는 밝기는 의외로 불분명해서, 대부분 밝기 스텝으로 인지할 수 있는 차이를 나타낸다. 조도 100[lx]와 200[lx]의 차이는 인지할 수 있다 하더라도 100[lx]와 120[lx]를 눈으로 분별하기는 어렵다.

이러한 경우 조도 기준 100[lx]의 조도 범위는 75~150[lx], 200[lx]의 조도 범위는 150~300[lx], 500[lx]의 조도 범위는 300~750[lx]가 된다.

● 조도 기준 500[lx]로 조명을 설계할 경우, 낮게는 300[lx], 높게는 750[lx]로 설정하면 모두 조도 기준 500[lx]의 범위 내에 있다고 말할 수 있다.

12 푸른 하늘과 저녁놀

푸른 하늘과 저녁놀
파장의 차이에 의한 산란 방식의 차이로 푸른
하늘이나 저녁놀이 된다.

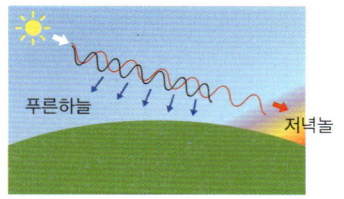

푸른하늘

저녁놀

같은 태양 아래에서 **낮의 하늘과 저녁의 하늘**이 다르게 보인다.

태양광이 대기권에 떠도는 미세한 물질을 통과할 때 파장이 짧을수록 산란하기 쉽기 때문에, 지상에서 올려다 보면 **파랑**이 강조되어 파란색으로 보인다. 반면, **저녁놀**은 산란이 적었던 파장의 긴 쪽이 멀리까지 닿기 때문에 붉게 보인다.

하늘이 낮에 파란 것이나 저녁에 붉게 되는 것은 태양 빛이 대기권을 통과할 때 파장이 짧을수록 빛의 산란이 많이 일어나서 파란색이 더 강하게 보이기 때문이다. 반면 저녁 하늘이 붉은 것은 산란이 적고 긴 파장의 빛이 더 멀리까지 나아가기 때문이다.

일몰 전후에는 빛에 의해 일어나는 극적인 광경도 만날 수 있다.

빛의 색을 나타내는 색온도

■ 색온도란 빛의 색감을 온도로 나타낸 것이다.
단위 : K(켈빈)

표준물체(흑체)가 방출하는 광색과 그 때 절대 온도에 의한 빛의 색을 표현

색온도	자연광	빛의 색	인공 광원			색온도 : 7,200K의 이미지	온도의 기준
			LED 전구	전구 그 외	형광등		
12,000K	쾌청한 북쪽 하늘	푸른끼가 있는 광색					시원함 5,300K 이상
10,000K							
9,000K							
8,000K							
7,000K	흐린날		주광색상등 (6,700K)		주광색		
6,000K	맑은날 주광 평균정오의 태양광						
5,300K		5,300K				색온도 : 5,000K의 이미지	중간 5,300K~3,300K
5,000K	오전 9시/오후 3시 일출 2시간 후/일몰 2시간 전 만월	흰빛 광색	주백색상등 (5,000K)		주백색		
4,000K			백색상등 (4,000K)		백색 온백색		
	일출 1시간 후/일몰 1시간 전	3,300K					
3,000K	일출 40분 후/일몰 40분 전	전구색	전구색상등 (2,800K)	200형전구 100형전구 60형전구 40형전구	전구색(3파장형 전구색) 일반조명용 할로겐 연색 AAA전구색	색온도 : 2,100K의 이미지	따뜻함 3,300K 이하
	일출 30분 후/일몰 30분 전			아세틸렌 불꽃			
	일출 20분 후/일몰 20분 전			석유등			
2,000K	일출/일몰	붉은끼가 있는 광색		양초의 불꽃			

● 색온도란 빛의 색감을 온도로 나타낸 것. 단위는 절대 온도 K(켈빈)으로 나타낸다. 표준물체(흑체)가 방출하는 광색과 그 때의 절대 온도에 의한 빛의 색을 표현한 것이다. 색온도가 높을수록 푸르스름한 빛, 색온도가 낮을수록 불그스레한 빛이 된다. 기온이 낮으면 추워 보이는 파란색, 기온이 높으면 더워 보이는 붉은색에 대한 생활속에서의 경험이 있어서 연수 중에 여러 번 질문을 받게 하는 포인트이다.

● 가전 매장에서 형광등을 구입할 때 종류가 많아 당황할 수 있다. 램프 와트수에 더해서 이 색온도 차이도 고려하여 5종류를 진열 판매하고 있다. 즉 주광색, 주백색, 백색, 온백색, 전구색이 있으니 잘 체크하고 구입할 필요가 있다. 방의 분위기 만들기, 투시 방, 조명의 목적에 맞게 선택하는 즐거움도 있다.

14 인체에서도 적외선 방출

■ 모든 물체는 열복사를 한다.

　모든 물질은 절대 온도가 아닌 이상, 열복사를 한다. 이때 그 온도에 따라 다양한 색온도의 가시광선이 복사된다(플랑크의 복사 법칙).

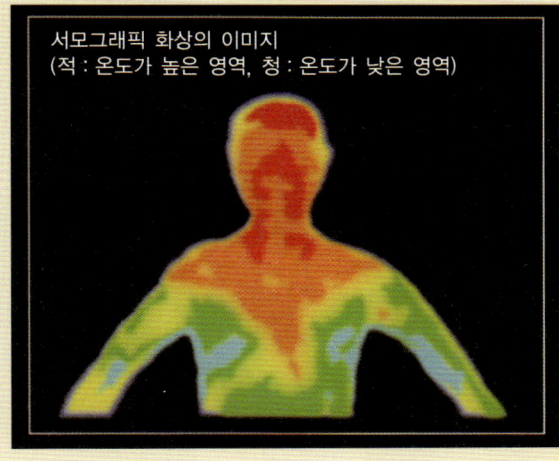

서모그래픽 화상의 이미지
(적 : 온도가 높은 영역, 청 : 온도가 낮은 영역)

● **모든 물체**는 그 온도에 맞는 **적외선**을 내고 있다. 위 **사진**은 인체에서 나오는 적외선을 측정한 것이다. 인체에서도 적외선을 방출하고 있는 것이다. 인플루엔자 검사에서 고열 환자를 살펴볼 때 쓰이는 서모그래픽은 잘 알려져 있다.

● **고온의 물체는 온도에 따른 색을 발산한다.** 이것은 조명 광원이 가지는 색온도 특성이다. 온도를 가진 모든 물체는 그 온도에 맞는 전자파를 내고 있다고도 말할 수 있다.

　물체의 온도에 따라서 색으로 보일 수도 있지만, 그 외의 범위에서는 적외선이 되거나 전자파가 되거나 해서 육안으로는 볼 수 없으므로 기기를 사용하여 측정하게 된다.

　인감 센서에 의해서 조명이 켜지거나 수도꼭지에서 물이 나오는 것도 사람의 체온인 36℃에서 나오는 적외선을 감지하는 센서가 작동하고 있기 때문이다.

 # 15 평균연색평가수(評價數) Ra

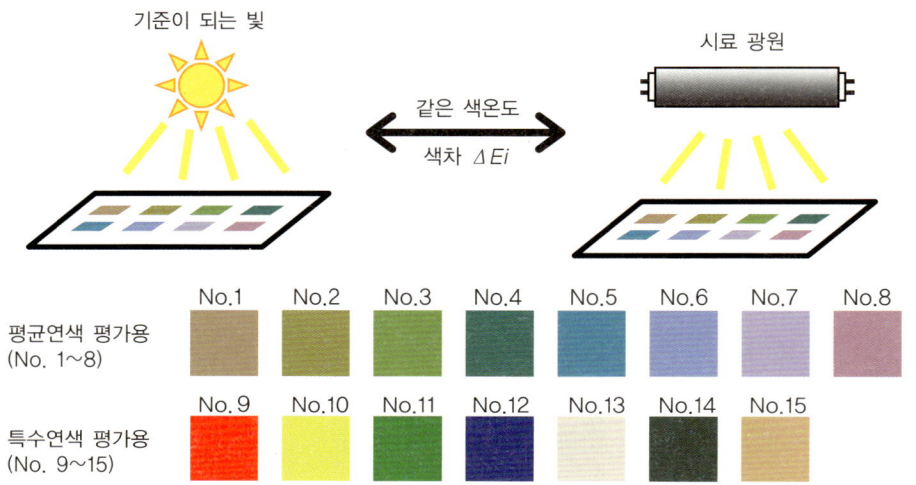

기준이 되는 빛

시료 광원

같은 색온도

색차 ΔEi

평균연색 평가용
(No. 1~8)

| No.1 | No.2 | No.3 | No.4 | No.5 | No.6 | No.7 | No.8 |

특수연색 평가용
(No. 9~15)

| No.9 | No.10 | No.11 | No.12 | No.13 | No.14 | No.15 |

〈인쇄는 실제 색표와 약간 다르다.〉

 🔴 **연색평가수**란 같은 색온도의 기준 광원(간단히 말하면 태양광)과 비교하여 어느 정도 같게 보이는가를 나타내는 지표이다. 즉, 색재현의 정확도를 나타내는 지표이고 그다지 탐탁한 지표는 아니다.

그것이 **연색평가수**와 **연색성**과의 차이이며, 사용상 분류를 하고자 하는 것이다.

🔴 **평균연색평가수 Ra**는 중간 정도의 명도 및 채도를 가진 8가지 색의 시험색표에서 색의 차이를 평균한 값이며, 전체적인 색을 보는 법을 평가할 때 사용한다.

특정한 색을 평가할 경우 특수연색평가수 R9~R15를 사용한다. R15는 특히 사람의 피부색을 나타내는 지표로서 들어 있다.

단위는 발견자나 고안자의 이름이 자주 사용되지만, 평균연색평가수 Ra의 R는 비율의 ratio, a는 평균을 나타내는 average이다.

조명업계나 설계업계에서는 단순하게 Ra 84 등으로 부르고 있다.

연색평가수는 「각 색온도마다의 온도방사체대」를 「기준이 되는 빛」으로 하여 색을 보는 법을 비교하여 정확도를 계산한 것이다. 또, 색온도마다 기준이 다르므로 색온도가 다른 램프들의 Ra를 비교하더라도 본래의 의미는 없다.

16 불꽃은 각 원소가 발산하는 염색 반응

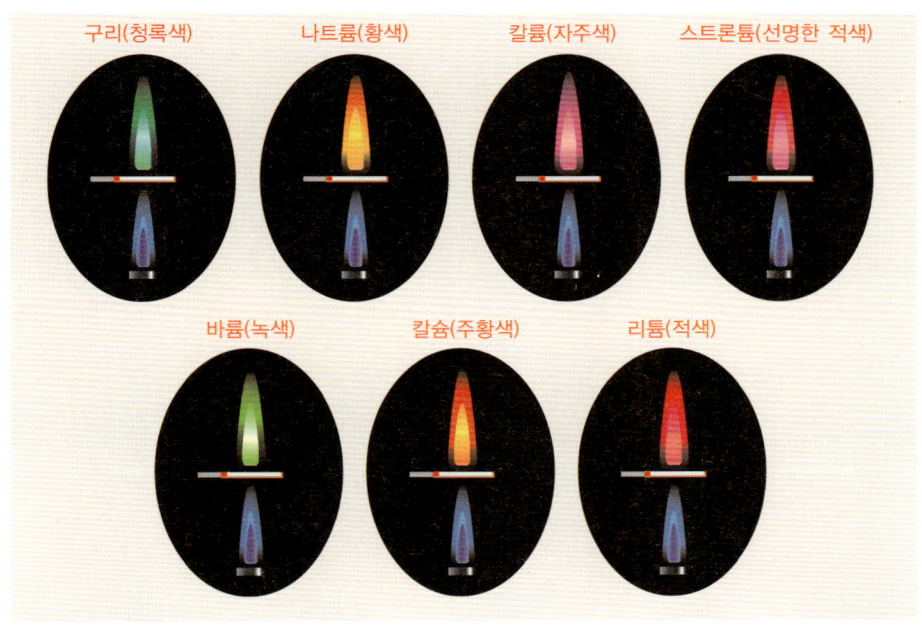

구리(청록색)　나트륨(황색)　칼륨(자주색)　스트론튬(선명한 적색)

바륨(녹색)　칼슘(주황색)　리튬(적색)

 불꽃의 선명한 색채는 염색 반응에 의한 것이다.

다양한 원소가 특이한 색의 빛으로 발광하고 있다.

염색 반응이란 고온이 된 물질에 포함된 원자가 그 원소의 종류에 따라 다양한 색의 빛을 방출하는 현상이다.

리튬은 적색, 나트륨은 황색을 발산한다는 식으로 알면 된다.

17 분광분포란?

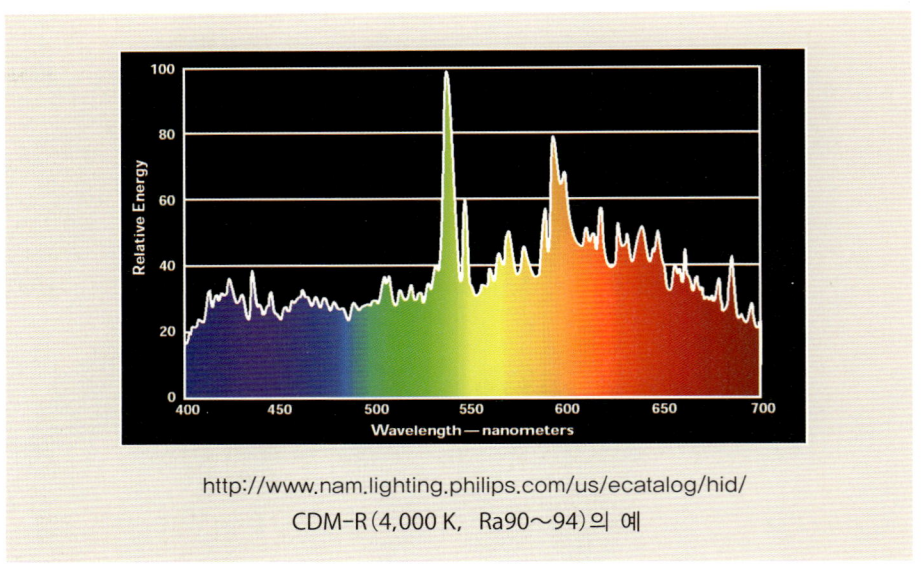

http://www.nam.lighting.philips.com/us/ecatalog/hid/
CDM-R(4,000 K, Ra90～94)의 예

 분광분포란 그 광원이 발산하고 있는 빛의 파장의 세기를 나타내며, 그 광원만의 독특한 특성을 가지고 있다.

각 회사는 특허 관계로 상세한 봉입 물질을 공개하고 있지 않지만, 보다 연색성을 높이기 위해 봉입 물질의 신개발 경쟁에 뛰어들고 있다.

위 그림은 높은 연색성을 자랑하는 CDM-R이라는 HID 램프의 분광분포를 나타낸 예이다.

디스프로슘(Dy), 홀뮴(Ho), 툴륨(Tm), 탈륨(Tl), 나트륨(Na) 등의 요오드화물을 봉입하여 연색성이 높은 백색을 만들고 있다.

18 각종 램프의 분광분포

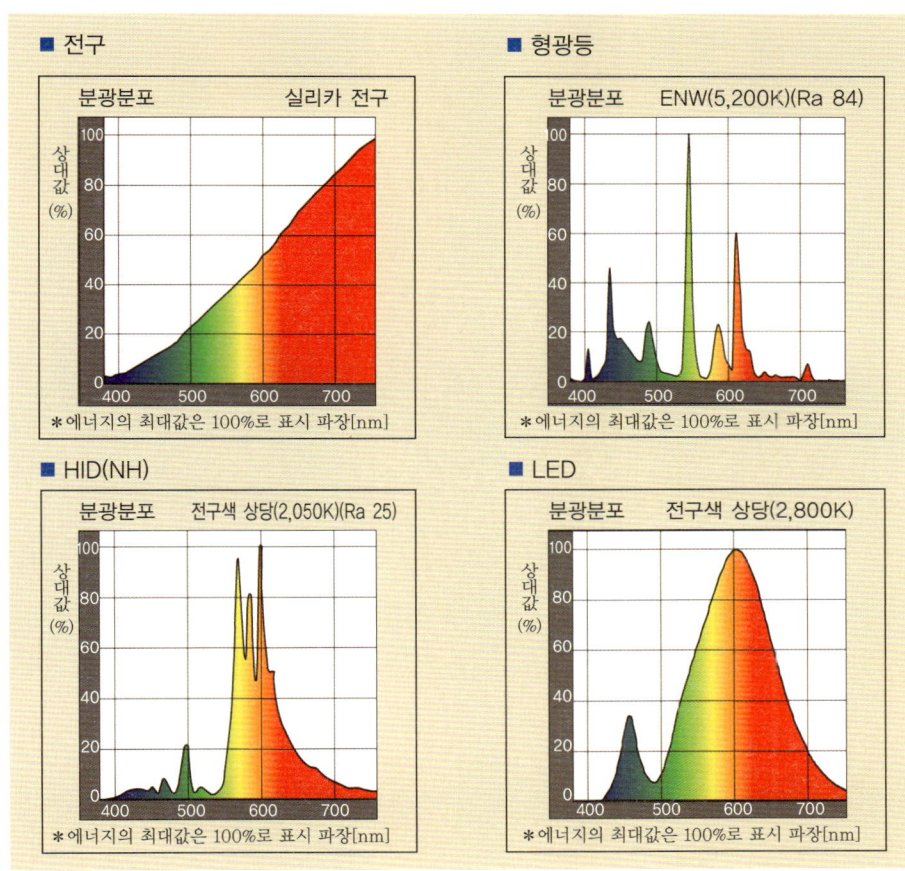

■ 전구

분광분포   실리카 전구

상대값 (%)

*에너지의 최대값은 100%로 표시   파장[nm]

■ 형광등

분광분포   ENW(5,200K)(Ra 84)

상대값 (%)

*에너지의 최대값은 100%로 표시   파장[nm]

■ HID(NH)

분광분포   전구색 상당(2,050K)(Ra 25)

상대값 (%)

*에너지의 최대값은 100%로 표시   파장[nm]

■ LED

분광분포   전구색 상당(2,800K)

상대값 (%)

*에너지의 최대값은 100%로 표시   파장[nm]

그림은 전구(실리카 전구), 형광등, HID 램프(고압 나트륨등), LED 전구의 순서로, 각종 램프의 분광분포를 나타낸 것이다.

형광등(ENW)은 내추럴색 5,200K, Ra 84, HID 램프(고압 나트륨등)는 2,050K, Ra 25, LED 전구(전구색 상당)는 2,800K의 분광분포를 각각 나타내지만, 연속적인 특성이 있다면 비연속적인 특성도 있는 것을 알 수 있다.

19 광원에 따라 다르게 보인다

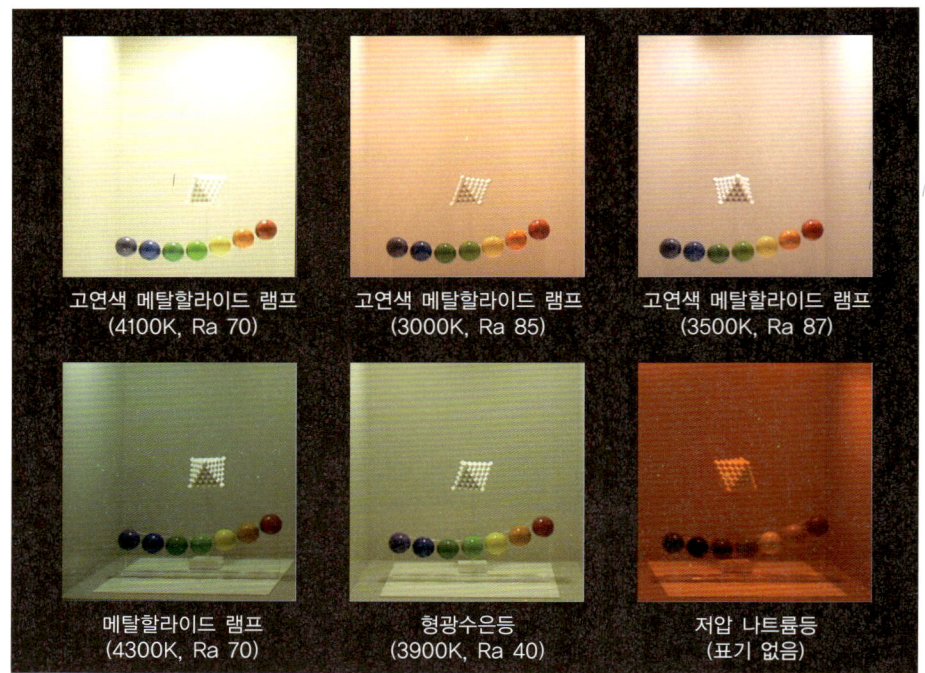

고연색 메탈할라이드 램프
(4100K, Ra 70)

고연색 메탈할라이드 램프
(3000K, Ra 85)

고연색 메탈할라이드 램프
(3500K, Ra 87)

메탈할라이드 램프
(4300K, Ra 70)

형광수은등
(3900K, Ra 40)

저압 나트륨등
(표기 없음)

🔴 위와 같은 광원 전시박스에서는 다양한 광원을 비교해 볼 수 있다.

박스 안에 전시되어 있는 컬러볼은 모두 동일하지만 점등하고 있는 광원에 의해서 이처럼 다르게 보인다.

🔴 터널 조명으로 오랫동안 사용된 것이 오른쪽 아래에 있는 저압 나트륨등이다. 칼라볼의 색 판별은 100% 완전하다고 할 수 있을 정도는 아니다.

최근 설계된 터널 조명에는 Hf 형광등이나 LED 조명 등이 채택되고 있고, 산뜻한 백색 광원에 의해 실외의 도로 주행 중 빛의 변화를 느끼지 않고 터널 내로 주행할 수 있도록 변화되어 왔다.

20 백열전구와 LED로는…

백열전구   LED

 왼쪽이 백열전구, 오른쪽이 LED로 조명된 전시박스이다. 같은 진열물을 박스 밖에서 동시에 볼 수 있으므로, 그 차이를 잘 느낄 수 있다. 공간의 중앙에 위치하게 되면, 색순응을 하므로 이와 같은 차이는 실감하기 어려워진다.

이와 같은 광원 비교 박스를 보면, 조명의 특성 중 색온도, 연색성, 분광분포, 배광 특성, 점광원 등의 기초적인 학습도 된다.

LED로 조사된 전시박스에서는 청색과 황색의 볼이 선명하게 보인다. 상당히 개선되었다고는 해도 기분탓인지 빨간색이 거무스름하게 보인다.

최신 LED 조명 개발에 의해 연색성이 개선되어 특정한 파장역을 컨트롤함에 따라 "미백색" "미광색" "채광색"과 같이 보는 법을 개선한 방식이 등장하고 있다.

21 사람 눈의 센서(간상체·추상체)

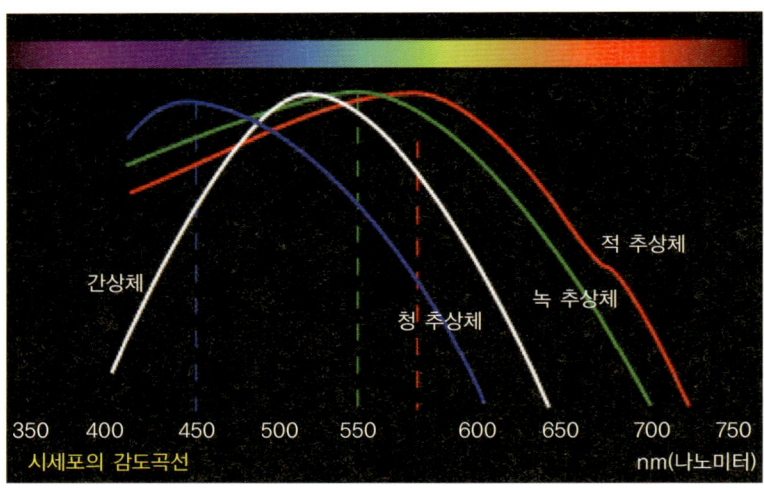

적 추상체

녹 추상체

청 추상체

간상체

시세포의 감도곡선

nm(나노미터)

눈의 구조에 대해서도 간단하게 알아보자. 빛은 망막이라는 스크린에 닿는다. 사람 눈의 센서로는 **추상체**와 **간상체**라는 2종류가 있다.

추상체는 색을 식별하고 밝을 때 작용하며, 특히 고해상도의 기능을 가지고 있다. **간상체**는 명암 감지에 예리하고, 특히 어두울 때 작용하며, 저해상도의 기능을 가지고 있다.

추상체에서 간상체로의 전환을 암순응이라고 한다.

추상체는 청계, 녹계, 적계에 감도를 가진 3종류가 있어, 그 감도 피크의 차이에 의해 청 추상체, 녹 추상체, 적 추상체로 구분한다.

"파룩(Palook) 형광등"이라 불리는 3파장형 형광등이 제법 많이 보급되고 있는데, 이 형광등은 세 종류의 추상체를 효율적인 핀포인트로 자극시키는 원리를 이용한 것으로, 보통 형광등보다도 밝게 보이는 형광 램프라 할 수 있다.

(주) 「파룩(Palook)」은 3파장형 형광등으로, 파나소닉사의 상품명이다.

22 간상체와 추상체

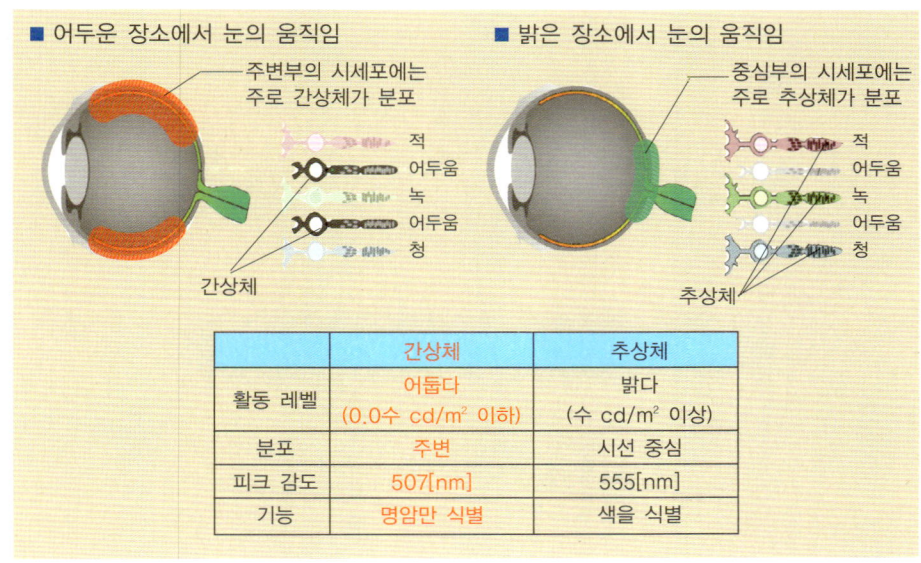

■ 어두운 장소에서 눈의 움직임

주변부의 시세포에는 주로 간상체가 분포

적
어두움
녹
어두움
청

간상체

■ 밝은 장소에서 눈의 움직임

중심부의 시세포에는 주로 추상체가 분포

적
어두움
녹
어두움
청

추상체

	간상체	추상체
활동 레벨	어둡다 (0.0수 cd/m² 이하)	밝다 (수 cd/m² 이상)
분포	주변	시선 중심
피크 감도	507[nm]	555[nm]
기능	명암만 식별	색을 식별

한낮의 밝은 실외에서부터 어두운 달밤의 도로에 이르기까지 물체를 볼 수 있는 것은 밝은 곳과 어두운 곳에서 작용하는 시세포가 다르기 때문이다.
어두운 곳에서 작용하는 시세포를 간상체, 밝은 곳에서 작용하는 시세포를 추상체라고 한다.
망막 주변부의 시세포에는 주로 간체가 분포하고, 중심부의 시세포에는 주로 추상체가 분포하고 있다. 간상체는 명암 식별의 기능만 있고, 추상체는 색을 식별한다.

23 명소시 · 암소시

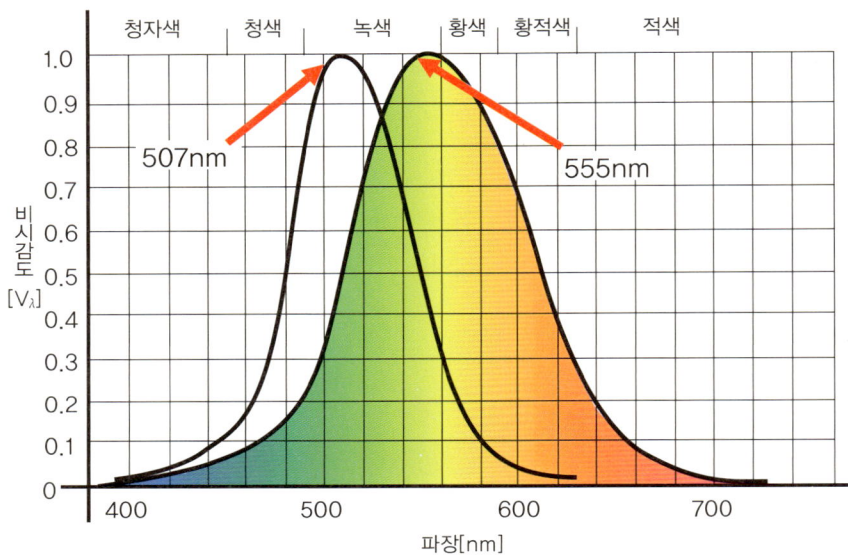

청자색 | 청색 | 녹색 | 황색 | 황적색 | 적색

비시감도 [Vλ]

507nm

555nm

파장[nm]

그림은 인간의 눈에서 파장마다 느껴지는 시감도를 그래프로 나타낸 것이다. 밝을 때 보는 경우와 어두울 때 보는 경우 시감도의 차이를 비교하였다.

밝은 곳에서 같은 밝기로 보이는 적색과 청색이 좀 어두운 곳에서 보면 적색이 어둡고 청색이 밝게 보이는 현상을 푸르키네 현상이라고 부른다.

이것은 사람 눈의 시세포가 암순응(어두운 곳에 익숙해진 상태) 시 최대 감도가 어긋나 있기 때문에 생기는 현상으로, 최대 시감도역은 명순응 시에는 적·황이지만, 암순응하면 녹·청 쪽으로 이동하고 있다.

 24 명소시·박명시·암소시

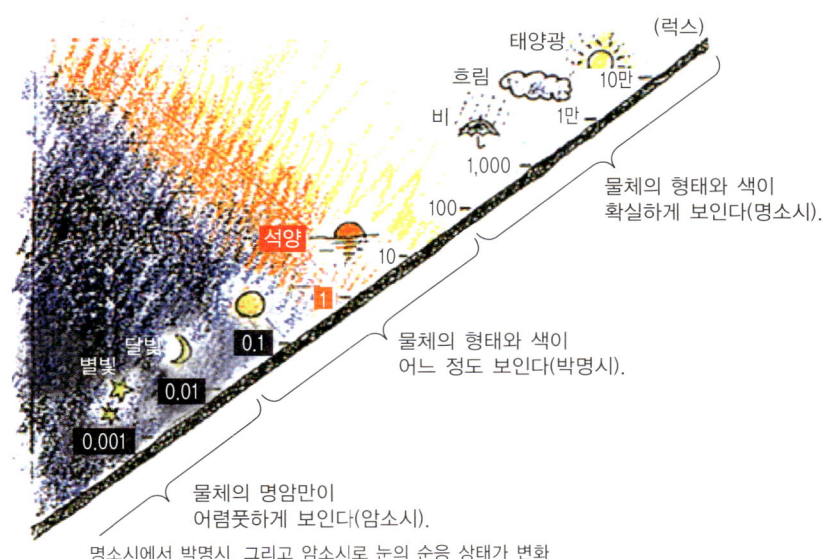

물체의 형태와 색이
확실하게 보인다(명소시).

물체의 형태와 색이
어느 정도 보인다(박명시).

물체의 명암만이
어렴풋하게 보인다(암소시).

명소시에서 박명시. 그리고 암소시로 눈의 순응 상태가 변화

- 순응(adaptation)에 대해 우리 주변에서 흔히 볼 수 있는 예로 알아보자.
  그림은 자연계의 조도 레벨에 맞추어 3단계로 구분된 시각계의 순응 상태를 비교한 것이다.

- 추상체만 작용하는 것은 10[lx] 이상의 밝은 범위가 되고, 물체의 형태와 색이 확실히 보이는 명소시라고 하는 상태이다.

- 추상체와 간상체가 둘 다 작용하는 것은 중간의 범위가 되고, 물체의 형태와 색이 어느 정도 보이는 박명시라고 하는 상태이다.

- 또한 조도 레벨이 저하하면 간상체만 작용하는 상태가 되고, 물체의 명암만이 어렴풋이 보이는 암소시라고 하는 상태이다.
  밝기에 따라 명소시에서 박명시, 그리고 암소시로 눈의 순응 상태가 변화해 간다. 로비에서 영화관 내로 들어갈 경우, 낮에 실외에서 조명이 없는 창고로 들어갈 경우, 맑은 날 드라이브 중 터널로 들어갈 경우 등에서 일상적으로 경험하고 있는 현상이다.

25 사람의 눈은 순응한다

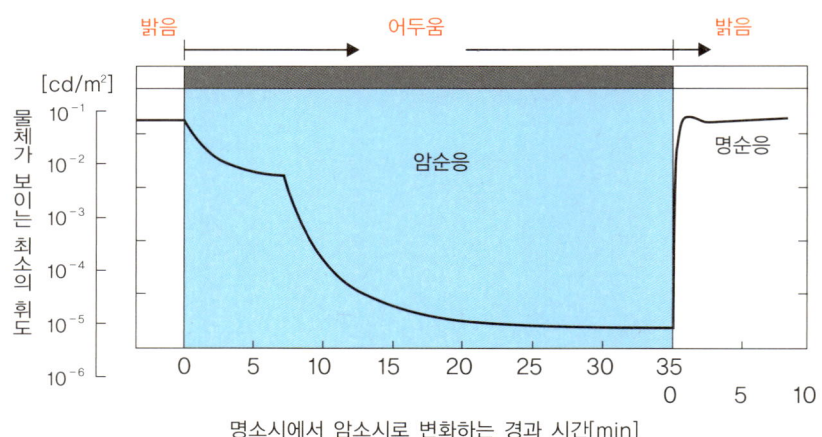

명소시에서 암소시로 변화하는 경과 시간[min]

 그림은 명소시에서 암소시로 변화하는 경과 시간을 가로축으로 취한 그래프로 암순응 곡선 또는 명순응 곡선이라고 한다. 시간이 경과하면서 물체가 보이는 최소 휘도가 저하해 간다.

이 암순응 곡선에서도 알 수 있듯이 시간 경과에 따라 망막의 감도가 높아져 가는 상태를 알 수 있다.

밝은 쪽에서 어두운 쪽으로 순응해 가는 경과 시간은 몇 분 단위로 걸리지만, 어두운 쪽에서 밝은 쪽으로는 순식간에 순응하는 것을 알 수 있다.

세로축의 「물체가 보이는 최소의 휘도」[cd/㎡]는 대수좌표가 되어 있지만, 10^{-1}에서 10^{-5}까지 변화한다는 것은 눈의 감도가 1,000배나 높아진다는 것을 나타내고 있다.

26 터널의 조명

저압 나트륨등에 의한
터널 조명

백색 조명으로 된
최신의 터널

○ **암순응 이론**을 조명 설계에 가장 알기 쉽게 도입한 사례가 터널의 조명이다. 터널 입구의 야외 휘도에 맞는 단계적인 조명 레벨을 자동 설정으로 변화시키고 있다. 맑은 날의 터널 입구에는 증등 조명이 설치되어 있다.

고속도로 등에서 입구의 증등 조명은 맑은 날 1, 맑은 날 2, 흐린 날 1, 흐린 날 2 의 4단계로 되어 있어, 설계 속도가 높은 터널일수록 순응 시간에 대응하여 증등 조명 구간도 길게 되어 있다.

입구의 증등 조명 구간이 끝나면 기준 피치의 기구 간격이 된다. 터널 출구에는 증등 조명이 필요 없지만, 일반 도로에서는 터널 양쪽 입구에서 차가 진입하기 때문에 양쪽 출구에 증등 조명 구간이 있다.

27 터널의 조명설계곡선

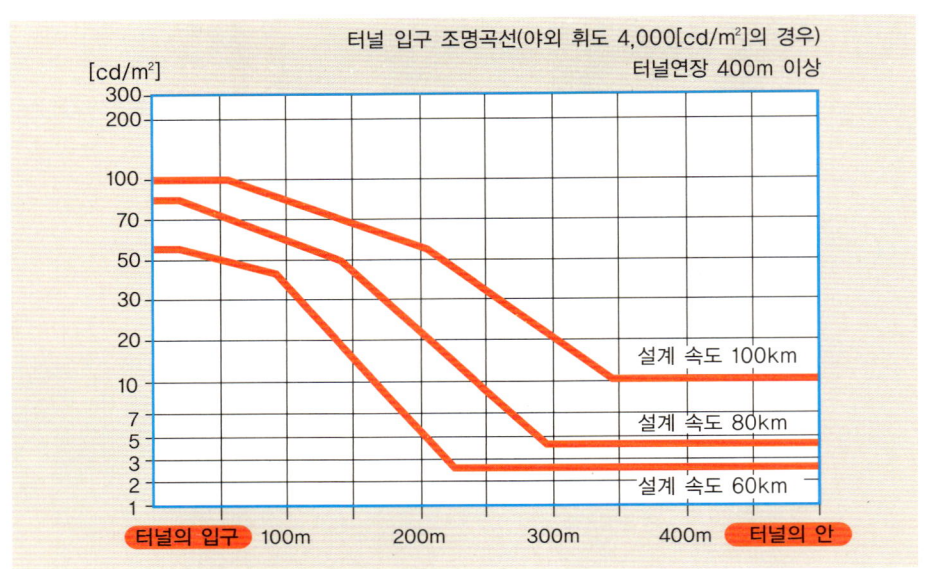

터널 입구 조명곡선(야외 휘도 4,000[cd/m²]의 경우)
터널연장 400m 이상

[cd/m²]

설계 속도 100km
설계 속도 80km
설계 속도 60km

터널의 입구 100m 200m 300m 400m 터널의 안

터널 입구의 야외 휘도가 4,000[cd/m²]일 경우, 터널 입구 조명곡선은 위의 그림과 같이 된다. 터널의 설계 속도가 60, 80, 100[km/h]로 높아짐에 따라 설계 휘도도 높아져 간다. 또 입구 조명의 증등 구간도 긴 구간으로 연장된다. 저압 나트륨등을 선택한 것은 다음과 같은 이유 때문이다.

• 발광 길이가 작고 배광 제어가 쉽다.
• 파장 590nm의 단색광이므로 인간의 시감 효율이 높다.
• 단색광이므로 안구의 광학계에서 색수차가 없어 선명하게 보인다.
• 매연 농도가 높더라도 투과율이 커서 시인성이 높다.
• 일정 간격으로 설치된 기구에서 불쾌한 주파수·깜박임이 생기지 않는다.

이와 같이 터널에는 조명 기술의 정수가 집결되어 있다 하더라도 과언이 아니다. 게다가 품질이 높은 조명을 요구하는 시대가 되었고, 기술도 진보해서 고효율 램프가 개발되었으므로 고규격 고속도로 터널에는 백색계 광원(Hf 형광등, LED)으로 설계되는 사례도 증가하고 있다.

28 옥외 광고 간판은 어떻게 보일까?

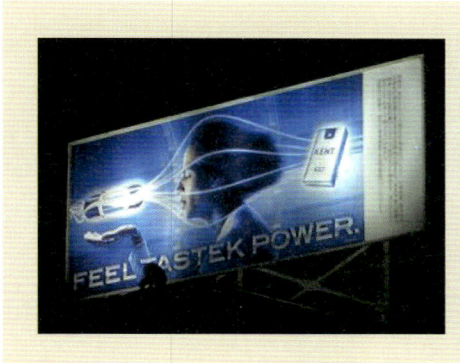

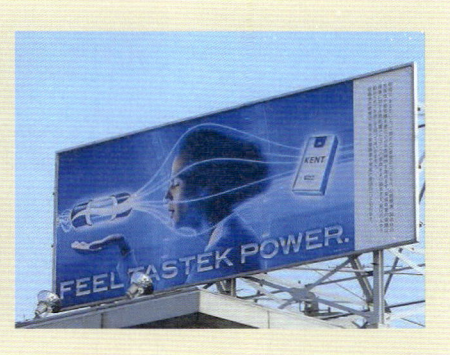

● **위의 사진**은 빌딩 옥상에 설치된 옥외 광고 간판이 주간과 야간에 다르게 보이는 사례이다.

이와 같은 광고 간판은 야간에 라이트업되어 마치 간판 자체가 빛나고 있는 것처럼 보인다.

상당히 밝은 박모 상태에서 조명이 점등되어 있는 간판이 있는가 하면 어두워지기 직전에 겨우 조명이 점등하는 간판 등 다양하다. 여름, 겨울 등의 계절에 관계없이 같은 시간에 점등하는 것도 볼 수 있다. 맑은 날이나 흐린 날 등 날씨에 의해 자연계의 조도가 변하는데도 같은 시각 설정으로 점등하는 간판 조명이 대부분이다.

● 지진 후 절전 대책이 화제가 되고 있듯이, 에너지 절약이 사회적인 긴급 과제가 되었다.

조도센서로 최적인 시간에 점등시키고 일몰 후 온통 어둠에 담순응된 후에는 최적으로 조도 레벨을 저하시키더라도 간판이 보이는 효과는 같도록 되어 있다. 광원이 HID에서 조광할 수 있는 LED로 변해가면 새로운 **에너지 절약 지향 라이팅 기술**이 생길 것이다.

29 물체색과 광원색

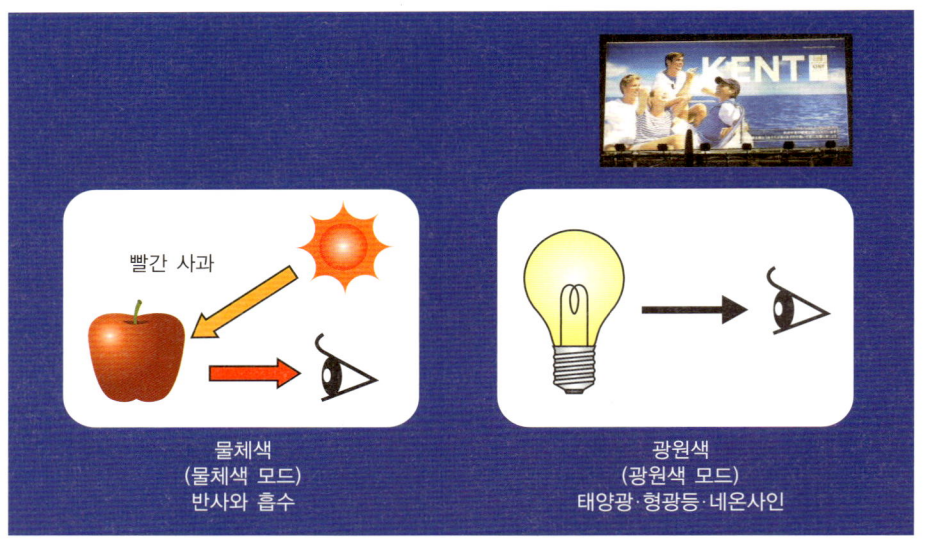

빨간 사과

물체색
(물체색 모드)
반사와 흡수

광원색
(광원색 모드)
태양광·형광등·네온사인

 일반적으로 눈에 들어온 색에는 두 가지 종류가 있다.

하나는 광원에서 물체에 반사하여 눈에 들어오는 빛으로, 물체색이라고 불린다. 물체색이란 물체 자체가 가지는 색으로, 빛이 물체의 표면에서 반사할 때 특정 색을 강하게 반사하면 그 색이 물체의 색으로 보인다.

또 하나는 광원에서 직접 눈에 들어오는 빛으로, 광원색이라 하고, 이것은 광원 자체가 가지는 색이다.

물체는 모든 파장을 포함하는 백색광을 받아도 어떤 고유의 파장 빛은 반사하고 그 이외는 흡수한다. 예를 들면 사과가 빨갛게 보이는 것은 적색의 빛을 반사하고 있다는 것이 된다.

그것에 비해 광원색은 그 이름대로 광원에서 직접 눈에 들어오는 빛의 색으로, 예를 들면 태양의 빛이나 형광등, 네온사인 등의 빛의 색이 그에 해당한다.

야간에 라이트업된 간판 표면에는 물체색과 광원색이 혼재되어 있다고 이해하면 된다.

30 사람이 느끼는 것은 밝기감

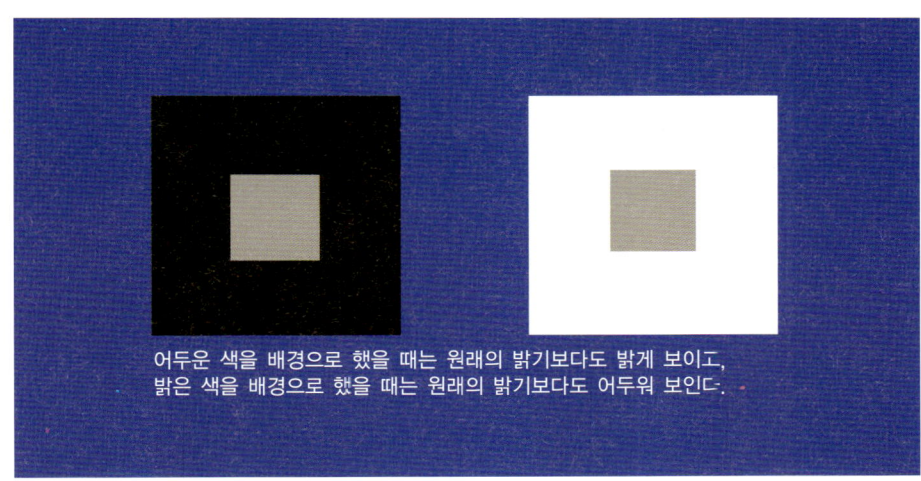

어두운 색을 배경으로 했을 때는 원래의 밝기보다도 밝게 보이고,
밝은 색을 배경으로 했을 때는 원래의 밝기보다도 어두워 보인다.

 밝기를 나타내는 조도나 휘도가 있지만, 이것은 조도, 휘도라는 방식으로 대상물 표면의 빛의 양을 수치화한 것에 지나지 않는다.

그에 반해, 대상물의 휘도 레벨, 눈의 순응 상태 등 다양한 요소를 모두 고려한 밝기감이라는 것이 있다.

그러면 밝기감에 대해서 알아보자.

대상물의 휘도 레벨만이 아니라 관측자의 눈의 순응 상태 등의 다른 요소에 의해 인간이 느끼는 밝기가 변화한다.

위의 그림을 보면 같은 밝기의 그레이인데도 어두운 색을 배경으로 했을 때는 원래의 밝기보다도 밝고, 밝은 색을 배경으로 했을 때는 원래의 밝기보다도 어둡게 보인다.

밝기감(brightness)은 대상물의 휘도 레벨만이 아니라, 관측자의 눈의 순응 상태 등의 요소를 포함한 인간이 느끼는 밝기이다.

31 시각은 환경에 순응한다

전구색으로 조명된 로비

태양광의 외광으로 밝은 로비

● 색순응을 간단히 표현하면, 「인간의 시각이 주위 환경에 맞추어 색을 보정한다」라고 할 수 있다. 마치 디지털 카메라가 자동적으로 WB(화이트 밸런스)를 맞추는 기능과 유사하다.

광원이 백열등, 형광등, HID 램프, 태양광 등일 때 디지털 카메라는 자동으로 흰색이 흰색으로 보이도록 화이트 밸런스 기능을 발휘한다.

● 필름 카메라 시절에는 촬영 장소를 생각해서 텅스텐 필름이나 데이라이트 필름 등 여러 가지 필름을 구비했었다. 반면 인간의 눈의 우수한 기능에는 암순응, 명순응과 함께 색순응이 있으며, 보통은 거의 의식하지 못한다. 예를 들어 집에 들어가기 전에는 방마다 다른 조명에 의해 따뜻한 색, 백색, 추운색으로 보이는 창도 그 방 안에 들어가면 자연색과 흰색으로 보이도록 보정된다.

32 광속법에 의한 조명 계산

실내조명 계산

■ 실내를 전반적으로 조명할 경우 작은 면(일반적으로 책상, 작업면을 포함하는 수평면)의 평균조도 E[lx]를 구한다.

$$평균조도\ E[\text{lx}] = \frac{램프광속\ F[\text{lm}] \times 램프\ 개수\ N \times 조명률\ U \times 보수율\ M}{작업면\ 면적[\text{m}^2]}$$

■ 작업면의 평균조도를 E[lx]로 하기 위해 필요한 램프 개수 N을 구한다.

$$램프\ 개수\ N = \frac{평균조도\ E[\text{lx}] \times 작업면\ 면적\ A[\text{m}^2]}{램프광속\ F[\text{lm}] \times 조명률\ U \times 보수율\ M}$$

○ **광속법**이란 시설 공간에 설치된 다수의 조명기구에 의해서 피조면의 평균조도가 얼마인지를 구하거나, 혹은 필요한 조도를 알고 있을 경우 그 시설 공간에 조명기구를 몇 대를 설치하면 좋을지를 구하기 위해 사용하는 계산법이다.

■ 방의 면적
소요조도 : $E=700[\text{lx}]$
조명방식 : 형광등 기구에 의한 전반조명
조명기구 : 매입형 하면개방, 40W 2등용
사용램프 : 40W 백색, 래피드 형광등(FLR40S·W)
램프광속 : $F=3,000[\text{lx}]\times2$등/대$=6,000[\text{lm}]$
조명률 : $U=0.70$(조명기구 데이터에서)
보수율 : $M=0.70$(보수율 데이터에서)

■ 방의 면적

20[m] 200[m²]

10[m]

■ 소요 대수를 구한다.

사용 대수 $N=\dfrac{\text{소요조도 } E[\text{lx}]\times\text{작업면 면적 } A[\text{m}^2]}{\text{램프광속 } F[\text{lm}]\times\text{조명률 } U\times\text{보수율 } M}$

$$N=\frac{700[\text{lx}]\times200[\text{m}^2]}{6,000[\text{lm}]\times0.70\times0.70}=47.6[\text{대}]\cdots N=4\times12=48[\text{대}]$$

조명기구의 배치를 고려하여, 사용 대수 N을 결정한다(4×12, 5×10의 배치도 문제 없다).

■ 설계조도를 구한다.

평균조도 $E[\text{lx}]=\dfrac{\text{램프광속 } F[\text{lm}]\times\text{램프 개수 } N\times\text{조명률 } U\times\text{보수율 } M}{\text{작업면 면적 } A[\text{m}^2]}$

$$E=\frac{6,000[\text{lm}]\times48\text{대}\times0.70\times0.70}{200\text{m}^2}=705.6\fallingdotseq700[\text{lx}]\cdots\text{설계조도}$$

34 조명 계산에 필요한 「조명률」

조명률이란 ···램프에서 발산되는 빛 중 작업면에 도달하는 비율

$$조도\ U = \frac{작업면에\ 입사하는\ 전광속[lm]}{모든\ 램프광속[lm]}$$

위의 식에 의한 작업면에 입사하는 전광속은 조명기구 내의 램프에서 방사된 광속 중 작업면에 직접 입사하는 광속 ①과 천장, 벽, 바닥에서 몇 번의 반사를 반복한 후 작업면에 입사하는 광속 ②와의 합이 실제 이용되는 빛이 된다.

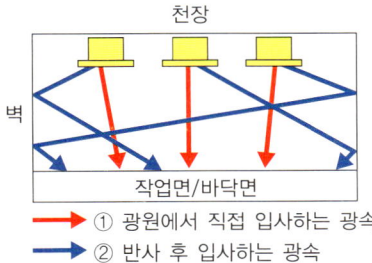

천장

벽

작업면/바닥면

→ ① 광원에서 직접 입사하는 광속
→ ② 반사 후 입사하는 광속

Hf32 형광등 램프 2등용 하면개방형 조명기구의 조경률표의 예

반사율 천장	80%				70%				50%				30%				0%
벽	70	50	30	10	70	50	30	10	70	50	30	10	70	50	30	10	0%
바닥	10%				10%				10%				10%				0%
실지수	조명률(×0.01)																
0.6	46	46	29	24	45	35	28	23	42	34	28	21	41	33	27	23	22
0.8	51	51	37	32	53	43	37	32	52	50	42	36	45	41	36	32	30
1.0	60	60	44	38	58	50	43	38	55	46	43	38	54	47	42	33	36
1.25	65	65	50	45	64	56	50	45	61	54	49	44	58	53	48	44	42
1.5	69	69	55	50	67	60	54	50	65	58	53	49	62	57	52	49	47
2.0	74	74	62	57	72	66	61	57	70	64	60	56	67	63	58	56	54
2.5	77	77	67	83	75	70	66	62	73	68	65	6	70	67	63	61	58
3.0	78	74	70	86	78	73	69	66	75	71	69	6	73	70	67	64	62
4.0	82	78	75	72	81	77	74	71	73	75	72	70	78	73	7	69	67
5.0	84	80	76	75	82	79	75	74	80	78	75	7	78	76	7	72	70
7.0	86	83	81	78	84	82	80	79	82	80	79	7	80	78	7	76	73
10.0	87	85	84	82	85	84	83	81	84	82	81	8	82	81	80	79	76

🔴 **조명률**이란 램프에서 발산되는 빛 중 작업면에 도달하는 비율이다.
　위의 식에 의하면, 작업면에 입사하는 전광속은 조명기구 내의 램프에서 방사된 광속 중 작업면에 직접 입사하는 광속 ①과 천장, 벽, 바닥에서 몇 번의 반사를 반복한 후 작업면에 입사하는 광속 ②와의 합이 실제 이용되는 빛이 된다.

🔴 **조명률**은 광원의 배광이나 천장, 벽, 바닥 등의 반사율에 의해서 변하고, 그 외에도 방의 폭, 길이, 광원의 높이에 의해서도 변한다.
　조명률은 그 공간의 실지수(室指數)를 구하여 미리 산출된 조명률 표에서 구한다. 조명률 표는 조명 특성 데이터로서 조명기구 제조업체의 홈페이지에서 기구 품번을 입력하면 PDF 형식으로 제공되고 있다.

파나소닉 : 조명기구–상품 검색 데이터 다운로드
http://www2.panasonic.biz/es/catalog/lighting/products/

35 조명 계산에 필요한 「실지수(室指數)」

$$실지수 = \frac{폭\ X[m] \times 길이\ Y[m]}{(폭\ X[m] + 길이\ Y[m]) \times (작업면에서\ 광원까지의\ 높이\ H[m])}$$

방의 바닥 면적에 비해 천장의 높이가 낮은 경우
⇒ 실지수는 크게 된다 ⇒ 광원에서 작업면에 도달하는 빛이 많아진다
⇒조명률이 커진다

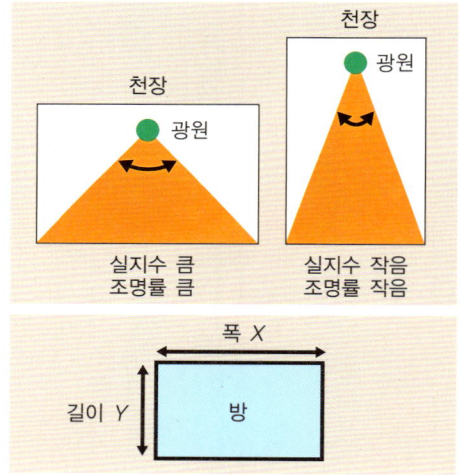

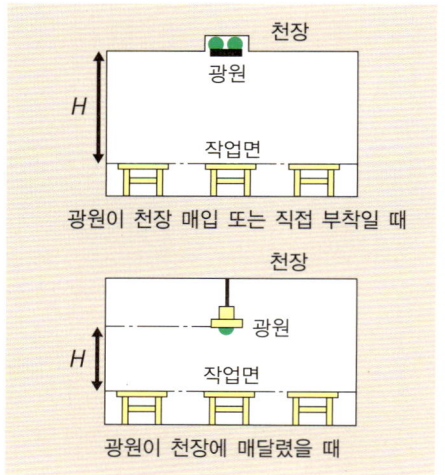

방의 바닥 면적에 비해 천장의 높이가 낮을 경우 실지수는 커진다. 즉, 광원에서 작업면에 도달하는 빛의 양이 많아지거나 조명률이 커지거나 한다.
같은 와트수의 램프와 동일한 기구를 사용하더라도 방의 천장 높이에 의해서 조명률이 변하게 되고, 조도도 달라지게 된다.

36 조명 계산에 필요한 「보수율」

$$보수율\ M = \frac{특정\ 시설에서\ 확보해야\ 할\ 조도\ (조명기구의\ 청소,\ 오래된\ 램프를\ 교환하기\ 직전의\ 조도)}{초기조도(새로\ 설치했을\ 때\ 얻은\ 조도)}$$

표준적 보수율〈실외〉

조명기구의 종류		광원의 종류	고압 나트륨 램프 [NH]			형광 수은 램프 [HF]		나	메탈 할라이드 램프 [ML]			형광 램프 [FL]		
			좋음	보통	나쁨	좋음	보통		좋음	보통	나쁨	좋음	보통	나쁨
I_1	노출형		0.86	0.83	0.79	0.81	0.78	0.7	0.56	0.54	0.51	0.81	0.78	0.74
			0.79	0.75	0.66	0.74	0.70	0.62	0.51	0.48	0.43	0.74	0.70	0.62
I_2	하면개방형		0.79	0.75	0.70	0.74	0.70	0.66	0.51	0.48	0.45	0.74	0.70	0.62
I_3	간이 밀폐형 (하면커버 부착)		0.75	0.70	0.66	0.70	0.66	0.62	48	0.45	0.43	0.70	0.66	0.62
I_4	안전 밀폐형 (패킹 부착)	안전층, 방폭 등	0.83	0.79	0.75	0.78	0.74	0.70	54	0.51	0.48	0.78	0.74	0.70

○ **보수율**은 조명 시설을 특정 기간 사용한 후의 작업면의 평균조도와 초기조도와의 비를 나타낸다.

조도는 조명의 사용 시간이 경과하면서 램프 자체의 광속의 감쇠, 램프·조명기구의 더러움, 천장·벽·바닥 등의 실내면의 반사율 저하에 의해서 작아지므로, 이를 보충하기 위해 보정계수를 만들어 보수율을 설정하고 조명 설계를 하고 있다.

○ **보수율**은 램프의 종류, 조명기구의 모양과 구조, 그 사용 환경 이외에드 램프 교환이나 램프·조명기구의 청소 등의 보수 관리의 방법에 따라 결정된다.

37 배광곡선을 보는 법

예 아래 그림의 배광곡선을 보고 광도를 구해보자.

⇒ 40W 백색 형광등의 램프의 광속은 3,000[lm]이므로, 판독한 광도를 3.0 배, 2등용의 경우 그 수치의 2배로 한다.

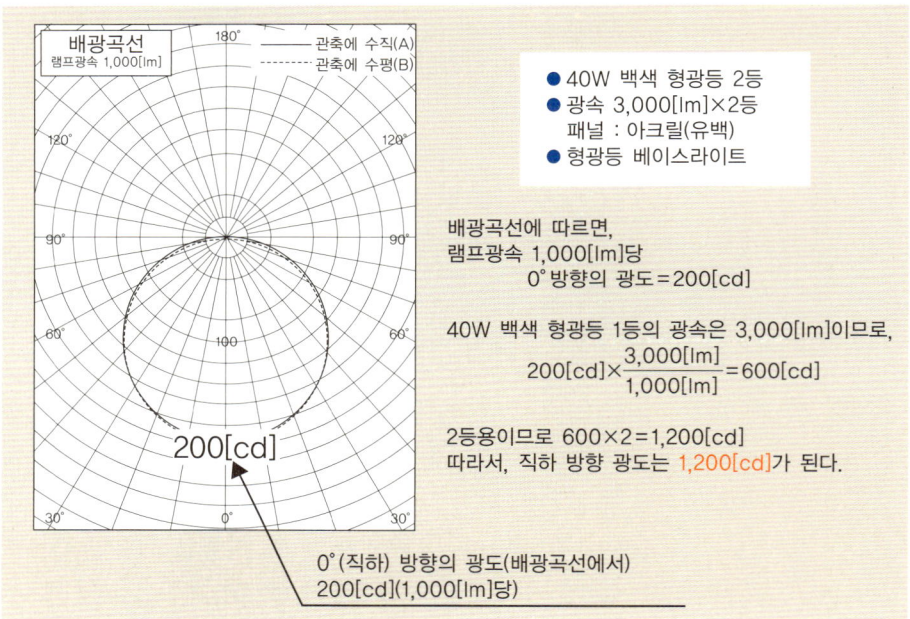

● 40W 백색 형광등 2등
● 광속 3,000[lm]×2등
  패널 : 아크릴(유백)
● 형광등 베이스라이트

배광곡선에 따르면,
램프광속 1,000[lm]당
　　0° 방향의 광도＝200[cd]

40W 백색 형광등 1등의 광속은 3,000[lm]이므로,
$$200[cd]\times\frac{3,000[lm]}{1,000[lm]}=600[cd]$$

2등용이므로 600×2＝1,200[cd]
따라서, 직하 방향 광도는 1,200[cd]가 된다.

0°(직하) 방향의 광도(배광곡선에서)
200[cd](1,000[lm]당)

🔴 배광곡선이란 조명기구에서 나오는 빛이 어느 방향으로 어느 정도의 세기(광도)로 나오는가를 나타낸 것이다.

이 곡선에서 판독한 광도[cd]는 램프의 광속이 1,000[lm]일 경우의 값이므로 기재한 램프 광속에 맞게 비례 계산으로 광도를 구할 수 있다.

38 축점법(逐点法)에 의한 조명 계산

축점법이란

조명기구의 배광 특성이나 조명기구의 배치에 따라 실제로 피조사면 위의 직사조명의 분포나 조도의 균일성이 어떻게 변화하는지를 예측하기 위해 이용하는 계산법

거리의 역2승의 법칙

어떤 점의 조도는 광도에 비례하고 광원에서 그 점(P)까지의 거리의 제곱에 반비례한다.

• 점광원에서 거리 l[m] 멀어지고, 광원에서 직각으로 받은 평면 위의 P점의 조도 E[lx]

$$E = \frac{I}{l^2}$$

E : 조도[lx]
I : 광도[cd]
l : 거리[m]

광원

1[cd]

1[lx]

1/4[lx]

1/9[lx]

예 아래 그림의 배광에서 사용하는 광원이 100W 백열전구일 경우, 조명기구의 직하 1[m], 2[m], 3[m]의 조도를 구해 보자.

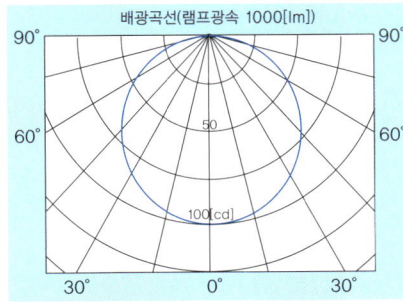

배광곡선(램프광속 1000[lm])

100[cd]

100[W] 백열전구(클리어)의 램프광속 1,600[lm]

$$I = 100[cd] \times \frac{1,600[lm]}{1,000[lm]} = 100 \times 1.6 = 160[cd]$$

$$E_1 = \frac{I}{l^2} \times \frac{160}{1^2} [lx] \quad (1[m] \text{ 직하})$$

$$E_2 = \frac{160}{2^2} = 40 [lx] \quad (2[m] \text{ 직하})$$

$$E_3 = \frac{160}{3^2} ≒ 18 [lx] \quad (3[m] \text{ 직하})$$

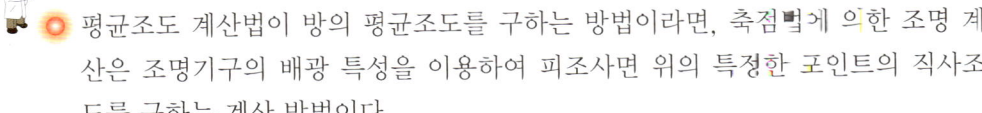

평균조도 계산법이 방의 평균조도를 구하는 방법이라면, 축점법에 의한 조명 계산은 조명기구의 배광 특성을 이용하여 피조사면 위의 특정한 포인트의 직사조도를 구하는 계산 방법이다.

39 직사수평면 조도

예 40W 백색 형광등의 램프광속은 3,000[lm]이므로, 판독한 광속을 3.0배하고, 2등용으로 할 경우는 그 수치의 2배로 한다. 여기서 직하 2[m]의 조도를 구해보자.

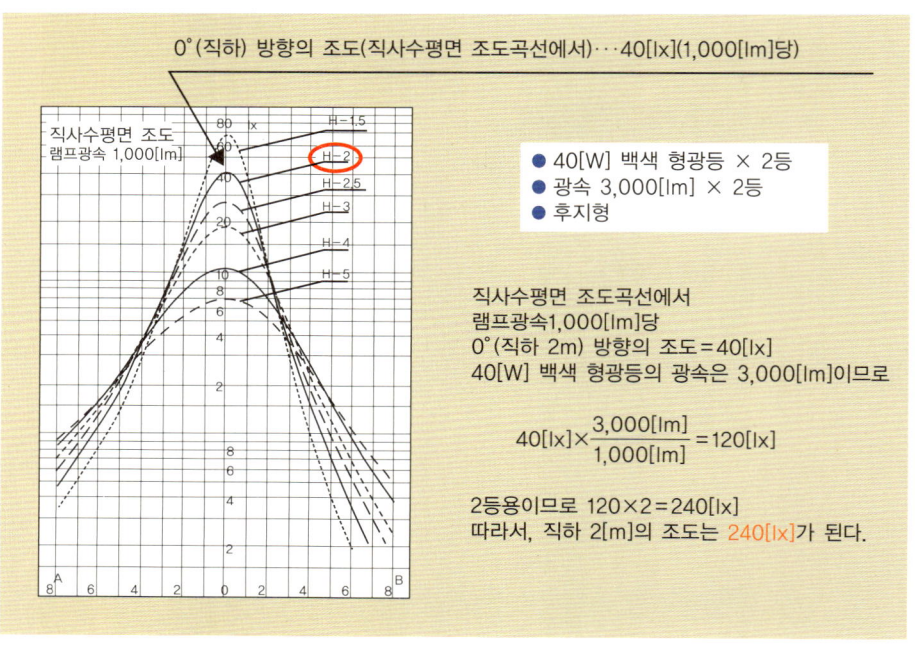

0°(직하) 방향의 조도(직사수평면 조도곡선에서)···40[lx](1,000[lm]당)

직사수평면 조도
램프광속 1,000[lm]

- 40[W] 백색 형광등 × 2등
- 광속 3,000[lm] × 2등
- 후지형

직사수평면 조도곡선에서
램프광속1,000[lm]당
0°(직하 2m) 방향의 조도＝40[lx]
40[W] 백색 형광등의 광속은 3,000[lm]이므로

$$40[lx] \times \frac{3,000[lm]}{1,000[lm]} = 120[lx]$$

2등용이므로 120×2=240[lx]
따라서, 직하 2[m]의 조도는 240[lx]가 된다.

🔆 **위의 그림**은 조명기구를 높이 H[m]로 설치했을 경우, 조명기구 직하를 사용해 계산한 수평 거리(가로축)에 있는 점에 대한 수평면 조도[lx]를 나타낸다.

또, 계산한 수평면 조도[lx]는 조명기구로부터 직접 닿는 빛(직사분)에 의한 조도로 천장, 벽 등에서 반사해 오는 빛(반사분)은 포함하고 있지 않다.

이 곡선에서 판독된 조도는 광원(램프)의 광속이 1,000[lm]일 경우의 값이므로, 사용하는 램프광속에 맞게 비례 계산으로 조도를 구한다.

제**2**편

LED 조명의 기초

1 LED란?

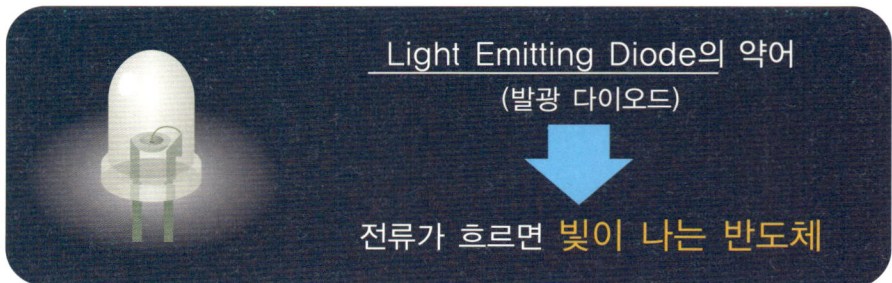

Light Emitting Diode의 약어
(발광 다이오드)

전류가 흐르면 빛이 나는 반도체

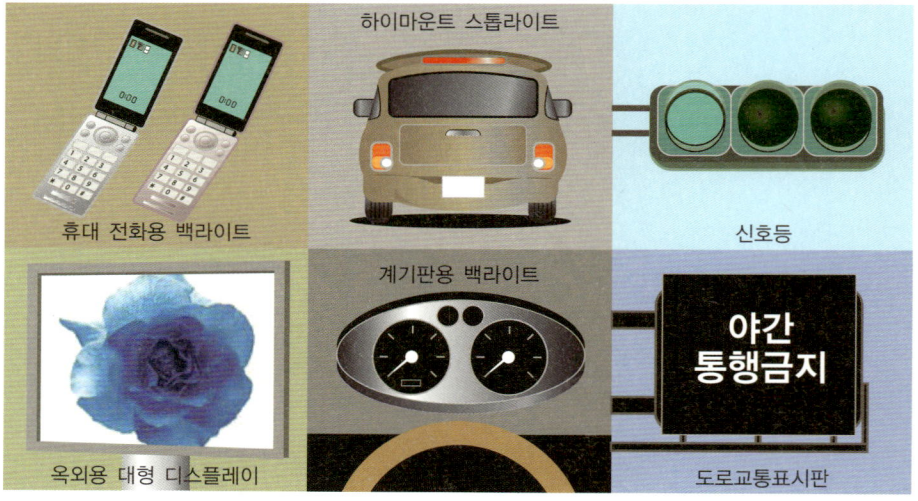

하이마운트 스톱라이트

휴대 전화용 백라이트

신호등

계기판용 백라이트

옥외용 대형 디스플레이

야간
통행금지

도로교통표시판

이제 우리 주변에는 의식하지 못하는 사이에 LED로 빛을 내는 것이 많이 있다.
휴대 전화용 백라이트, 교통신호등, 도로표시판, 사인 등의 표시 장치, 자동차의
정지등에서 계기판용 백라이트에 이르기까지 다양하게 사용된다.

가전제품, 산업용 기기, 표시 장치 분야에는 단색광 용도로 사용되고, 백색광
LED에 의한 조명 용도까지 그 쓰임을 넓혀가고 있다.

2 조명 분야의 LED 보급 변천

■ 효율 향상에 따라 적용 범위가 꾸준히 확대

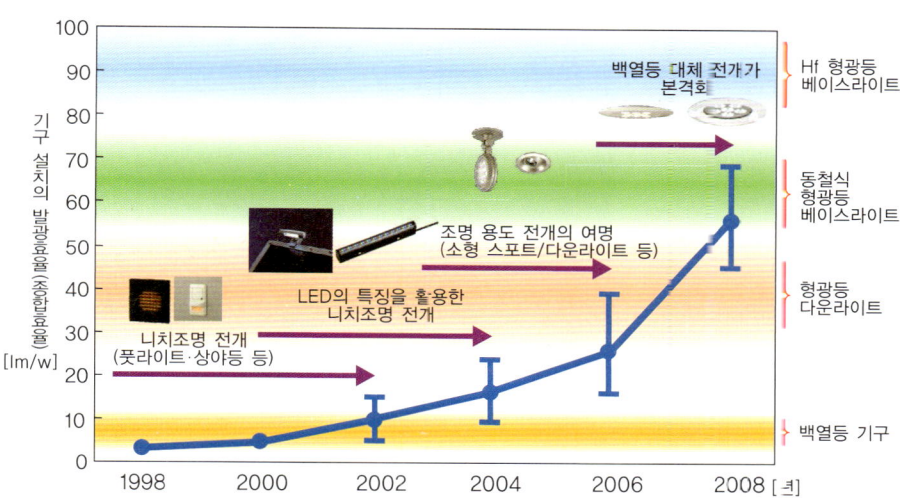

● **2002년 이전**…(백열등의 15[lm/W] 이하)

　　　　　니치조명 용도로서 활용하기 시작하다(풋라이트·상야등 등).

● **2004년 이후**…(백열등의 15[lm/W]을 넘었을 즈음)

　　　　　LED의 특징을 활용한 니치조명에서 국소 조명 분야로의 활용이
　　　　　확대되다.

● **2006년 이후**…(드디어 20~30[lm/W] 전후가 되었을 때)

　　　　　조명 용도로서 활용의 여명을 맞이하다(소형 스포트·다운라이트
　　　　　등으로 발매되다).

● **2008년 이후**…(40[lm/W]을 넘게 되다)

　　　　　백열등을 대체하기 위해 백열등(다운라이트, 브래킷, 스포트) 대
　　　　　신에 LED를 활용하는 움직임에 가속이 붙다.

● **2010년 이래**… 형광등 직관 램프의 대체 분야로, 각 회사에서의 개발이 급속도
　　　　　로 진행되다.

3 다이오드란?

다이오드란 한 방향으로만 전류를 흐르게 하는 반도체 부품

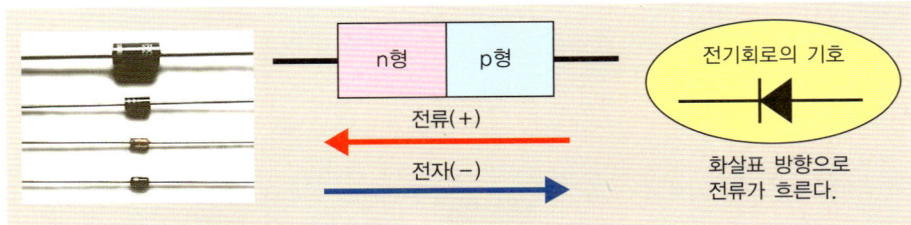

전류가 흐를 때, 가시광선을 방출하는 것을 발광 다이오드(LED)라고 한다.

(포탄형 LED)　　　　　　(표면실장 부품형 LED)

◉ LED의 구조

LED는 IC와 같은 전자 부품의 한 종류로, 조명기구로서 제 역할을 하기 위해 프린트 기판 등에 실장되어야 하고, 또 LED 유닛의 형태로 기구에 끼워 넣는다. LED를 실장하는 방법에 따라 다음과 같이 분류한다.

(1) 리드 부품형(포탄형)
(2) 표면실장 부품형(SMD)
(3) 파워 부품형(파워 LED)

◉ 리드 부품형은 프린트 기판의 부품 삽입구에 리드선을 통해 납땜을 해서 실장하는 타입이다. 칩을 보호하고 광출력을 효율적으로 밖으로 내보내기 위한 렌즈를 달고 있으므로 그 형태를 따라 포탄형이라고 부른다.

◉ 표면실장 부품형은 프린트 기판에 직접 납땜을 하여 실장한다.

조명용으로 사용되는 LED는 큰 광속을 출력해야 하므로 많은 전류가 흐르고 발생하는 열량도 점점 많아지게 된다. 따라서 방열을 위해 방열판에 부착해서 사용하는 구조를 파워 LED라고 부른다.

4 LED 개발의 역사

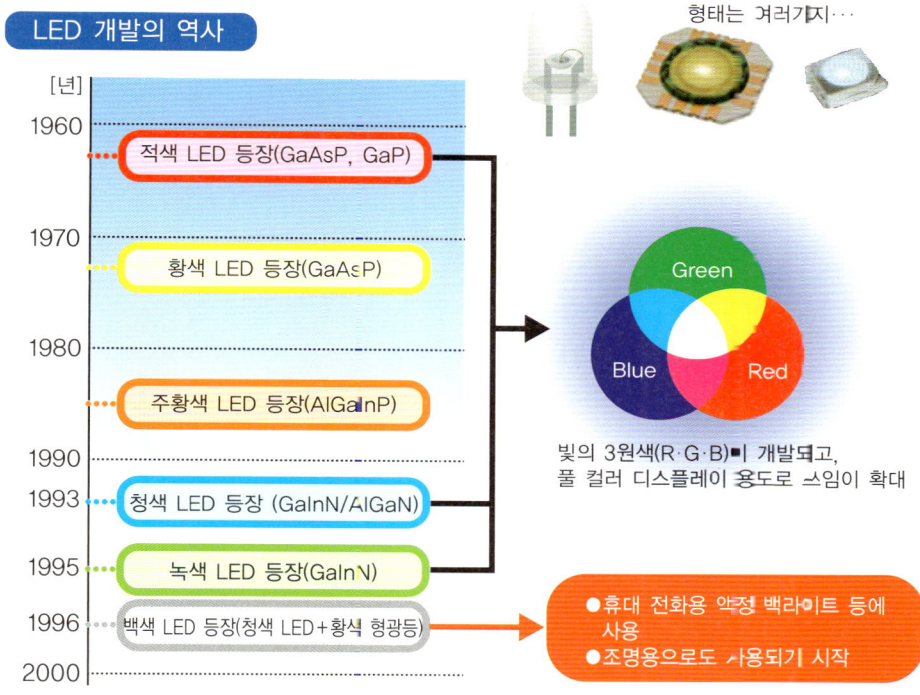

LED 개발의 역사

형태는 여러가지…

[년]
1960 ── 적색 LED 등장(GaAsP, GaP)
1970 ── 황색 LED 등장(GaAsP)
1980 ── 주황색 LED 등장(AlGaInP)
1990
1993 ── 청색 LED 등장 (GaInN/AlGaN)
1995 ── 녹색 LED 등장(GaInN)
1996 ── 백색 LED 등장(청색 LED+황색 형광등)
2000

Green
Blue   Red

빛의 3원색(R·G·B)이 개발되고,
풀 컬러 디스플레이 용도로 쓰임이 확대

● 휴대 전화용 액정 백라이트 등에 사용
● 조명용으로도 사용되기 시작

단색광 LED 개발의 역사는 의외로 오래되어, 1960년대 초까지 거슬러 올라간다.

적색 LED에 이어 황색 LED가 1970년대에, 주황색 LED가 1930년대에, 그리고 1990년대가 되어 청색 LED가 등장하고 녹색 LED가 이어 등장했다.

1996년이 되어 백색 LED가 등장하면서 휴대 전화용 액정 백라이트 등에 사용되기 시작했고, 조명 용도로서 사용될 수 있는 가능성이 나타나 개발에 박차를 가하게 되었다.

5 반도체 재료와 LED의 발광색

■ 재료에 따라 다양한 발광색의 실현 가능

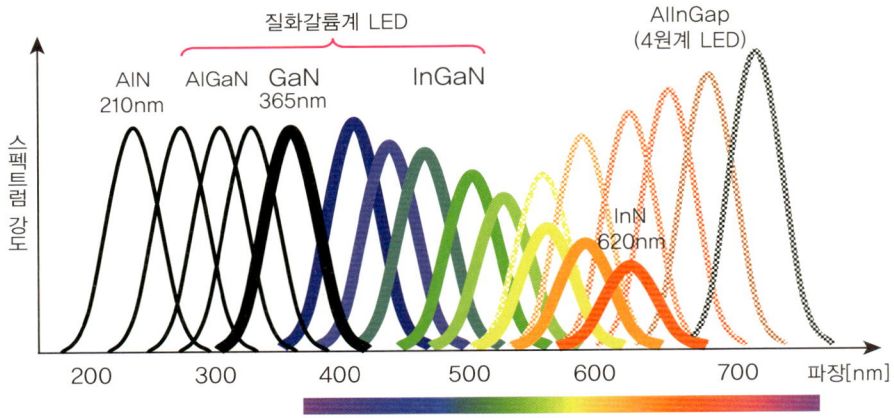

■ InGaN계는 근자외(365nm)~적(620nm)까지 발광 가능
장파장에서는 효율 저하 때문에 녹색까지밖에 이용되지 않는다.
■ AlGaN계는 자외(210~365nm) 발광 가능

(주) 그림에서 스펙트럼 강도는 모식도이며, 실제 강도비는 아님

LED의 발광 파장은 반도체 재료에 의해 다양한 발광색을 만들게 되어 있다.
즉, 자외선 영역에서 자주, 청, 녹, 황, 적, 적외선 영역까지 발광시킬 수 있다.
당초 LED는 적외선 발광부터 개발되었고, 가시광선을 발광시키는 것이 가능하
게 될 때까지는 매우 큰 어려움이 있었다.
높은 에너지를 낼 수 있는 pn 접합 반도체 소자를 찾기 위한 발광 다이오드 개발
이 진행되어, 최초의 재료로서 비소갈륨(GaAs)을 사용한 발광 다이오드가 개발
되었고, 이어 갈륨비소인(GaAsP)에 의한 오렌지색(주황색), 인화갈륨(GaP)에
의한 녹색, 황색의 발광 다이오드가 개발되어 왔다.

6 LED의 제조 공정

기판	발광층, 전극 형성	개편으로 절단 (=LED 칩)	전기적으로 접속 ～수지 밀봉
《주된 기판 재료》 사파이어 갈륨·인 갈륨·비소 탄화규소	발광층의 두께는 수 μm 정도	사방 수백μm～1mm 정도로 절단한 것	※필요한 배광에 따라 렌즈 형태가 다르다. ●밀봉용 수지는 　에폭시계 수지 또는 　실리콘계 수지가 주류

《밀봉용 수지의 역할》
● LED 칩에서 방출되는 빛을 효율적으로 낸다.
● 필요한 배광 특성 실현을 위한 렌즈

● LED 칩의 제조 공정은 반도체 제조와 같은 공정을 거친다.

기판을 발광층과 전극 형성 과정을 거쳐 개편(LED 칩)으로 절단하고, 전기적으로 접속한 후, 수지 밀봉해서 포탄형 LED가 된다.

이 제조 과정에서 상상할 수 있듯이, 기판의 주위와 중앙부에서는 냉각할 시간 경과나 프로세스가 같지 않기 때문에 아무래도 칩에 불균형이 생기게 된다.

이것이 조명 용도로 쓰이는 LED의 기술 개발의 과제가 되고 있다.

● 극단적으로 말하면, 같은 특성의 것은 하나가 아닌 어느 정도 정규분포상 광학 특성의 불균형이 된다.

특히 발광색의 불균형은 한 개를 사용한 휴대 전화용 백라이트 용도의 LED와 많은 칩으로 구성되는 조명 용도의 LED에 요구되는 조명 특성의 차이가 된다.

7 LED의 발광 원리(1)

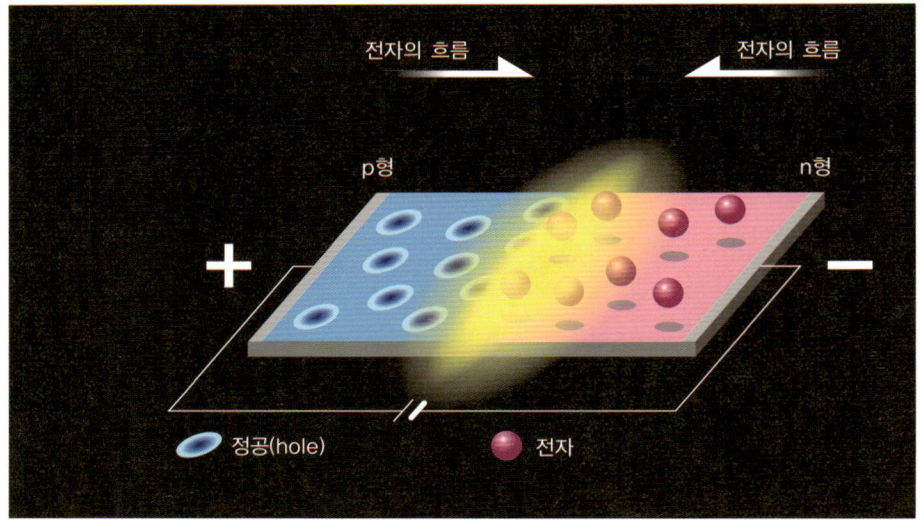

전자의 흐름

전자의 흐름

p형

n형

+

−

정공(hole)

전자

p형 반도체와 n형 반도체의 접합면(junction)에서 정공(hole)과 전자가 결합할 때 빛이 방출된다.

 LED는 Light Emitting Diode의 머리글자를 따서 부르는 용어이다.

전류를 흘리면 빛이 발생하는 반도체로, 발광 다이오드라고도 불리고 있다.

다이오드에 전압을 가하자 발광 현상이 관찰되었고, 다시 연구가 더 진행되어 p형 반도체와 n형 반도체 간에 발광하는 현상을 처음으로 알게 되었다.

p-n 접합부에서 전자와 정공(hole)이 재결합할 때 전기 에너지가 빛에너지로 변환되는 원리에 의해 발광하는 것이다.

8 LED의 발광 원리(2)

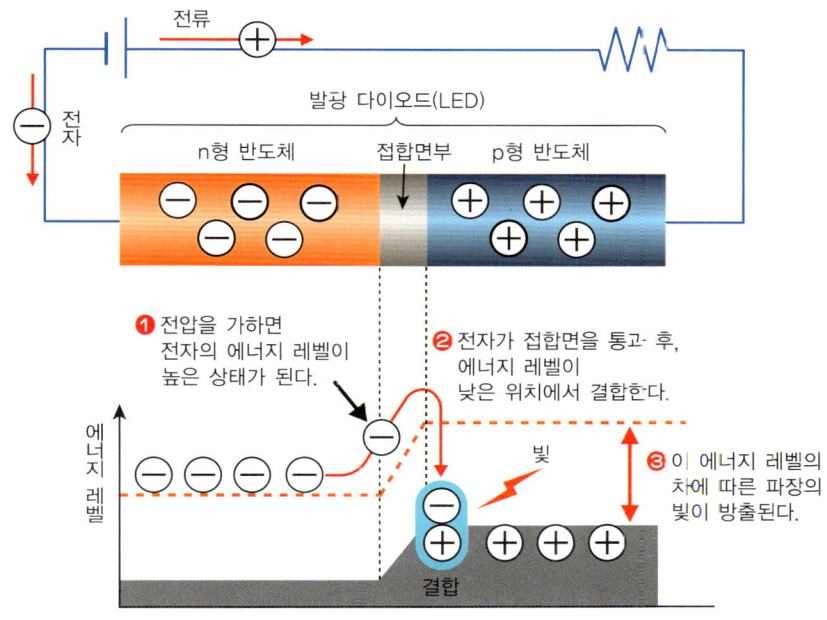

전류

전자

발광 다이오드(LED)

n형 반도체   접합면부   p형 반도체

❶ 전압을 가하면 전자의 에너지 레벨이 높은 상태가 된다.

❷ 전자가 접합면을 통과 후, 에너지 레벨이 낮은 위치에서 결합한다.

❸ 이 에너지 레벨의 차에 따른 파장의 빛이 방출된다.

에너지 레벨

빛

결합

 ● LED 발광 원리를 모식도로 간단하게 알아보자.

LED는 그림과 같이 발광 다이오드이므로, 건전지 레벨의 직류 전압을 소자의 양단에 거는 것만으로 빛이 나는 디바이스이다.

형광등과 같이 안정기나 글로램프도 필요없고 놀라울 정도로 회로 자체가 간단하다.

우선, 전압을 가하면 전자의 에너지 레벨이 높은 상태가 된다.

다음으로 전자가 접합면을 통과한 후 에너지 레벨이 낮은 위치에서 정공과 결합하면, 이 에너지 레벨의 차에 의한 파장의 빛이 방출된다.

백색 LED의 주된 방식

방 식			비 고
싱글칩 방식	(1) 청색 LED + 황색 형광체		● 현재의 주류방식 ● 형광체의 도포량 등에 의해 색 불균형이 두드러지기 쉽다. ● 연색성의 개선 연구도 이루어지고 있다.

싱글칩 방식	(2)
	자주색(근자외) LED
	+
	R·G·B 형광체
			● 적색 형광체의 효율이 나쁘고, 실용화되고
			  있는 것의 효율은 "청색 LED+황색 형광체"
			  방식보다 질이 떨어진다.
			  (효율개선연구 진행 중)
			● 수명 개선이 과제

멀티칩 방식	(3)
	R·G·B 3색 LED
	의 혼광
			● 각 색 LED의 불균형 억제가 필요
			  (백색인 경우 색 불균형이 두드러지기 쉽다.)
			● LED의 색에 의해 점등전압이 다르기 때문에
			  회로 구성이 복잡해 진다.

조명 용도의 광원으로 사용하려면 백색광으로 할 필요가 있다.

LED를 사용하여 백색광으로 만드는 방법에는 주로 세 가지 방식이 있다.

(1) 청색 LED + 황색 형광체

(2) 자주색(근자외) LED + R·G·B 형광체

(3) R·G·B 3색 LED의 혼광

(1)의 방식은 청색 LED와 그 보색에 맞는 황색을 발광하는 형광체와의 조합에 의한 것이므로, 발광효율이 높기 때문에 가장 많이 보급되고 있다. 구조가 간단하기 때문에, 청색 LED의 기술 개발과 양산 개발을 기대할 수 있다.

(2)의 방식은 3파장형 형광 램프와 같은 원리로, 자주색(근자외) LED와 적·녹·청 발광의 형광체를 통해 3파장을 합성해서 백색광으로 만드는 방식이다. 형광체의 도포 방법에 따른 불균형에 의해서 백색광도 불균형화 되는 경향이 있다.

(3)의 방식은 3색의 LED칩에서 나오는 빛을 혼광해서 백색을 만드는 것으로, 3색의 LED에서 나오는 것이 아닌 파장 범위도 있으므로, 부자연스러워 보이는 단점이 있다.

10 백색 LED의 기본 구성

청색 LED + 황색 형광체 방식의 경우

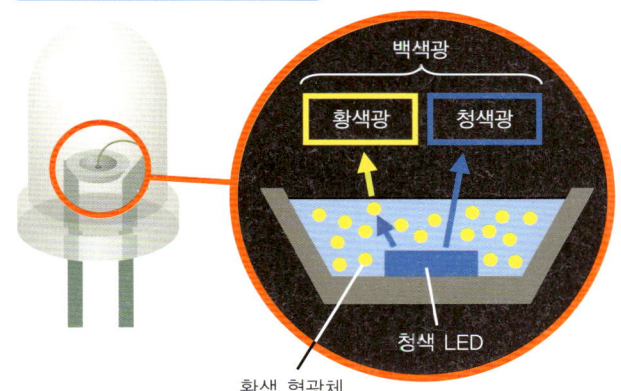

■ 빛의 3원색

빛의 3원색은 적(Red)·녹(Green)·청(Blue)이다. 각
각의 머리글자를 따서 약자로는 R·G·B이다. 이 3원
색을 혼색함에 따라 여러 가지 색이 생긴다. R·G·B
전부를 혼색하면 백색이 된다.

◉ LED의 기본구성은 그림과 같다.

즉, 밥그릇의 바닥에 1개의 청색 LED 칩이 있고, 밥을 담듯이 황색 형광체를 충
전한 이미지이다.

여기에 사용하는 베이스 기판은 알루미늄 기재를 사용하여 발광 대 칩에서 발생
하는 열을 조금이라도 놓치지 않도록 하고 있다.

◉ 청색 LED에서 방출되는 청색 빛을 이용하여, 황색 형광체를 여기시켜서 얻을 수
있는 「황색광」과 LED 자체의 「청색광」과의 혼광에 의해 백색광을 만들어 낸다.

11 백색 LED는 의사백색

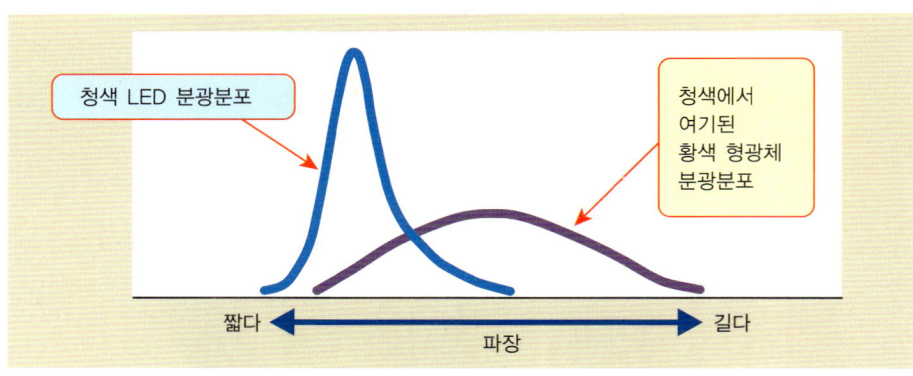

청색 LED 분광분포

청색에서 여기된 황색 형광체 분광분포

짧다 ◀━━━━━ 파장 ━━━━━▶ 길다

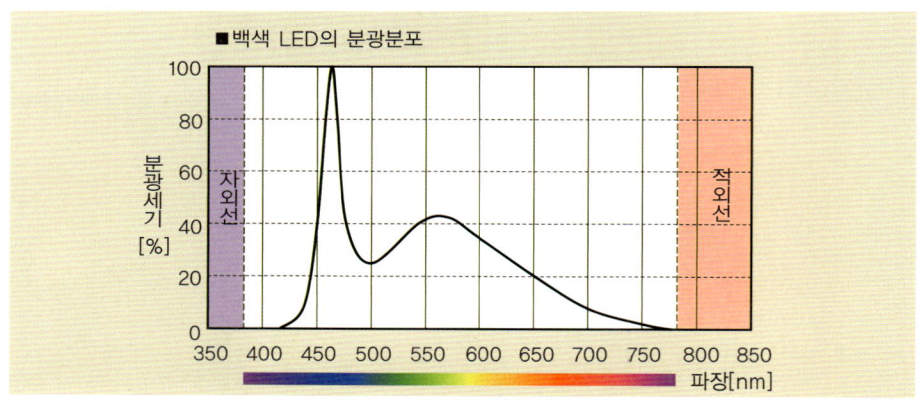

■백색 LED의 분광분포

분광세기 [%]

자외선

적외선

파장[nm]

 백색을 내는 백색 LED라는 것은 존재하지 않으며, 청색 LED와 황색 형광체에서 나오는 빛의 합성으로 백색 LED가 된다.

위의 그림과 같이 청색 LED의 분광분포와 청색 LED로 여기되어 황색 형광체에서 나오는 황색 형광체 분광분포를 합성하여 백색 LED의 분광분포가 된다.

백색광을 만들기 위해서 청색 LED 개발을 손꼽아 기다렸을 법하다.

나중에 설명하겠지만, 백색 LED가 자외선도 적외선도 포함하지 않은 구조를 갖는 것은 이러한 이유 때문이다. 벌레를 유인하는 자외선이나 열이 되는 적외선도 이 분광분포에서는 원래 없다.

12 LED 조명을 구성하는 부재

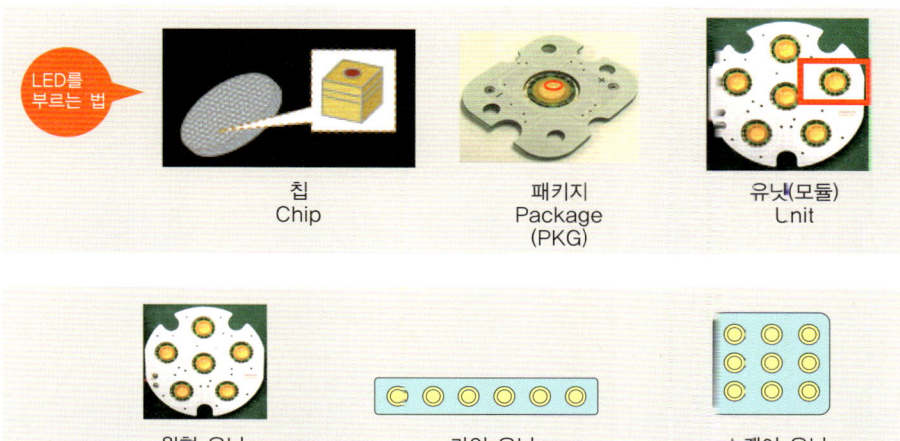

칩 Chip	패키지 Package (PKG)	유닛(모듈) Unit

원형 유닛   라인 유닛   스퀘어 유닛

40형   60형   100형   150·200형

4알   6알   12알   16알

- LED는 각각 LED 칩, LED 패키지, LED 유닛과 가공되어 조립될 수 있다. 그리고 LED 유닛을 조명기구로 짜맞추면 실용적인 LED 조명 기구나 LED 전구가 된다.

- LED 유닛에는 원형 유닛, 라인 유닛, 스퀘어 유닛 등의 기본 유닛이 있다. 제조업체는 이 유닛을 저비용, 고효율, 대전력의 LED 유닛으로 만들기 위하여 언제나 기술 개발에 불꽃튀는 경쟁을 하고 있다. 백열 다운라이트의 40W, 60W, 100W, 150W, 200W와 등등한 밝기를 갖는 것은 40형, 60형, 100형, 150형, 200형으로서, 이미 개발이 끝났다. 60형은 6알의 패키지를 조합하였다.

13 LED 조명의 구성 부재의 개발

■ LED유닛의 여러 가지

LED 유닛에는 LED 조명기구나 LED 전구 등의 용도에 따라서 원형 유닛, 라인 유닛, 스퀘어 유닛의 형태가 있다. 사진은 그 실례를 나타낸 것이다. 직관형 LED 램프, LED 전구, LED 실링라이트 등 쉽게 상상할 수 있다.

점등하면 눈이 부셔 직시할 수 없는 LED 유닛도 점등 전에는 도포된 황색 형광체의 색만이 보인다. 이 속에 청색 LED 패키지가 배열되어 있는 것이다. 황색 형광체의 미묘한 농담으로 백색인지 전구색인지를 판별할 수 있다.

14 LED 조명 개발의 업계 제휴

■ 고출력 LED 조명기구의 개발에는 LED 설계자 · 기구 설계자의 제휴가 불가결

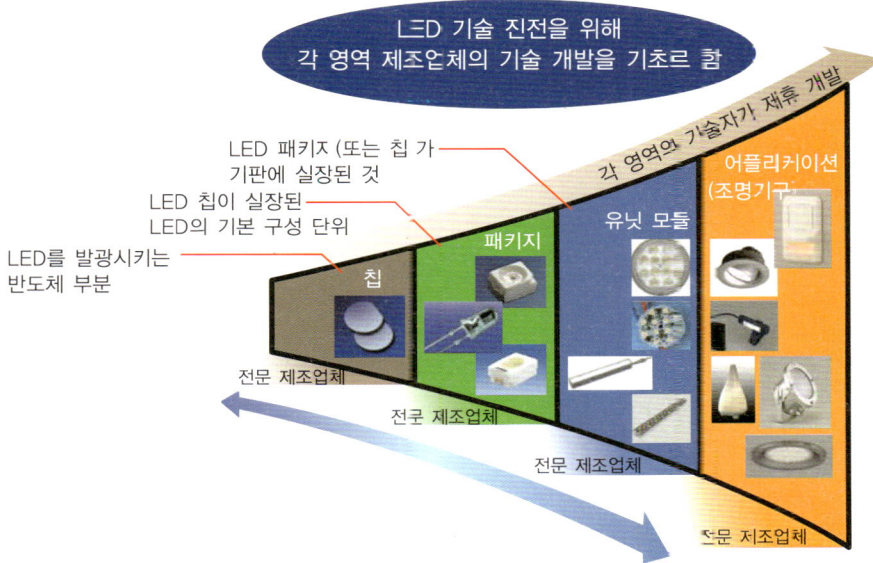

 칩은 LED를 발광시키는 반도체 부분 그 자체이다.

패키지는 LED 칩이 실장된 LED의 기본 구성 단위가 된다. 포탄형. 표면실장형 등 다양한 형태가 있다.

유닛은 LED패키지(또는 칩)가 기단에 실장된 것이므로 용드에 따라 모양이나 LED의 개수 등 다양한 형태가 있다.

그리고 LED 기구로 판매되어 소비자가 사용하게 된다.

고출력 LED 조명기구의 개발에는 LED 설계자 · 기구 설계자의 제휴가 불가결하고, 칩과 패키지, 유닛을 어플리케이션 제조업체가 각각의 입장에서 최고 기술을 구사하여 개발 · 제휴가 이루어지고 있다. 이 4단계가 전부 가능한 제조업체는 없다. 각각이 가장 숙련된 분야에서 첨단 기술로 LED의 특성 향상을 도모하고, 최종적으로 최고 수준의 기구가 되어 시장에 등장시키는 프로세스이다.

15 LED 조명 보급에 대한 과제

장래성이 기대되는 LED 조명이지만, 비추는 「조명」으로서의 보급 확대를 위해, 여러가지 과제를 해결해 가고 있다.

1. 에너지 절약 성능의 향상

2. 빛의 질 향상

3. 연색성의 향상

4. 특성 불균형의 억제

5. 광속당 코스트 삭감

6. 품질

+

발광효율이 한층 더 향상

 LED 조명 보급 확대에 대한 과제를 한걸음씩 해결하면서 기술 개발이 진행되어 가고 있다.

1. 에너지 절약 성능의 향상

2. 빛의 질 향상

3. 연색성의 향상

4. 특성 불균형의 억제

5. 광속당 코스트 저감

6. 품질

이것은 모두 조명 용도로 사용하기 위해서 어떻게 발광 효율과 조명 특성을 향상시킬지에 관련된 사항들이다.

16 고출력화와 긴 수명화의 양립

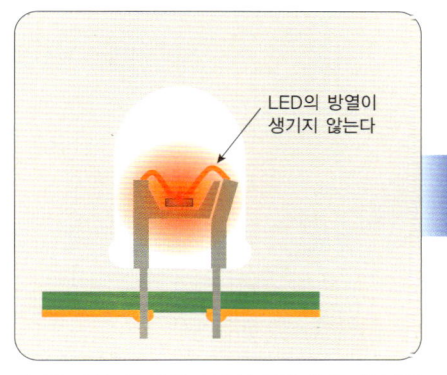

LED의 방열이
생기지 않는다

종래는 LED의 온도 상승(수지의 온도 상승)에
의해 수명이 짧아지기 때문에, 적은 전류밖이
흐르지 않았다.

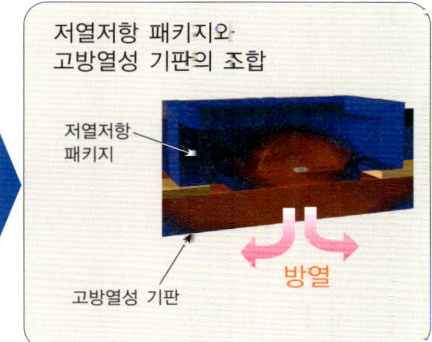

저열저항 패키지오·
고방열성 기판의 조합

저열저항
패키지

고방열성 기판

방열

LED의 방열설계 기술에 의해 수명을 늘리면
서, 대전류가 흐르는 것이 가능하게 되었다.

○ LED의 고출력화와 긴 수명화를 실현하고 있는 것은 방열 설계 기술이다.

전기적 접합을 위한 프린트 기판과 방열을 위한 구리 기판을 잇는 고방열 기판에
저열저항 패키지가 조합되어 있다.

따라서, 종래에 비해 방열성을 대폭 향상시켜, 결과적으로 고출력화할 수 있게
되었다.

또, 동시에 40,000시간의 긴 수명화를 실현시키고 있다.

17 LED의 수명에 대하여

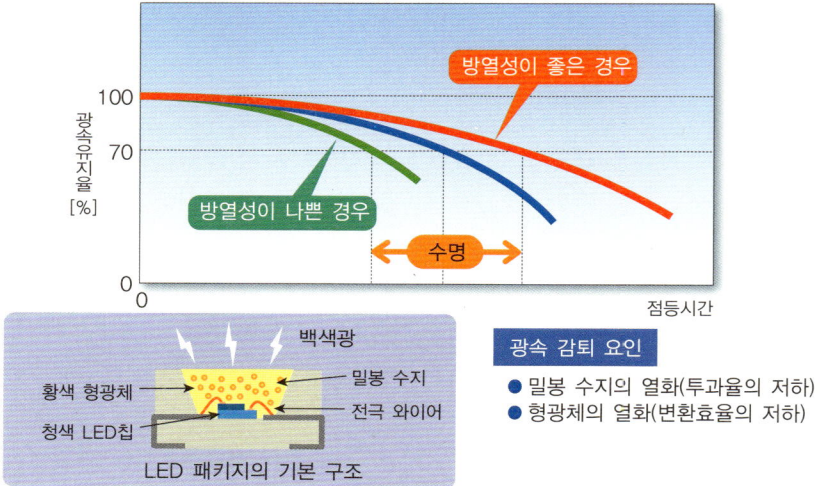

LED의 수명 : 40,000시간
(광속유지율 : 70%)

백열등의 수명 : 1,000시간
형광등의 수명 : 6,000~12,000시간

방열성이 좋은 경우

광속유지율 [%]

100
70
0
0

방열성이 나쁜 경우

수명

점등시간

광속 감퇴 요인
● 밀봉 수지의 열화(투과율의 저하)
● 형광체의 열화(변환효율의 저하)

백색광
황색 형광체
청색 LED칩
밀봉 수지
전극 와이어
LED 패키지의 기본 구조

램프가 사용시간에 따라 서서히 조도가 떨어지는 것을 자주 경험할 수 있다.

조명용 광원의 수명은 필라멘트가 단선되어 점등하지 않거나, 램프의 초기 광속이 70%로 감퇴한 시점 중 빠른 쪽을 수명으로 한다.

LED의 수명도 여기에 준하여 정의하고 있다.

패키지에 사용되는 에폭시 수지가 열화해서 빛의 투과율이 저하하거나, 형광체의 열화에 의해 광변환 효율이 저하하거나, LED 광출력이 저하해버리는 것이 수명에 큰 영향을 준다.

방열성이 나쁜 LED 패키지로는 원래의 수명대로 사용할 수 없고 급속하게 수명이 짧아져 버린다. 같은 LED 칩을 사용하더라도 패키지 구조의 기술 개발력의 차이가 LED 조명기구 제조업체의 성능 차가 되는 것이다.

LED의 긴 수명화를 위해서 밀봉 수지를 에폭시 수지에서 실리콘계 수지로 바꾸기도 한다. 온도 상승에 의해 열화가 가속되므로 LED 모듈의 방열 설계 기술이 꼭 필요하다.

18 광색·연색성과 효율의 관계

- LED 조명은 빛의 퍼짐(배광)이 다르다.
- LED 조명은 색온도(K)가 변하면 광속[lm]이 변한다.
- LED 조명은 연색성(Ra)이 변하면 광속이 변한다.

광색 타입	연색성 (평균연색평가수)	효율(광·출력) 의 비교
백색 타입 (색온도 : 약 5,000K)	Ra 70 정도	100
	Ra 90 정도	약 75
전구색 타입 (색온도 : 약 3,000K)	Ra 70 정도	약 70
	Ra 90 정도	약 55

○ LED 조명은 빛의 퍼짐(배광)이 다르다.

LED 전구는 빛의 퍼짐이 백열전구와 다르다. 비교적 빛의 직진성이 강하기 때문에 멀리까지 빛이 닿는 지향성이 강한 특성이 있다. 광속값만이 아니라 배광의 차이에도 주의할 필요가 있다. 직관형 LED 램프도 같다고 말할 수 있다.

○ LED 조명은 색온도[K]가 변하면 광속[lm]이 변한다.

LED에는 주백색이나 전구색 등이 있으므로, 기호에 맞게 선택한다. 다만, 색온도가 변하면 같은 와트수에서도 광속값이 변한다. 설계된 색온도가 납입 시점에서 변경되면 당초의 조도가 나오지 않을 수도 있다.

○ LED 조명은 연색성(Ra)이 변하면 광속이 변한다.

연색성(Ra)이 높은 LED는 같은 전력의 LED 조명과 비교해서 광속값이 작아진다.

○ 위의 표는 일반적인 LED의 광색 타입, 연색성의 차이에 의한 광출력의 경향을 나타낸 것이며, 각 회사와도 성능 향상을 도모하고 있다.

19 조명 광원의 발광효율 추이

■ 백색 LED는 1996년 등장 이후 급격한 기세로 발광효율이 향상

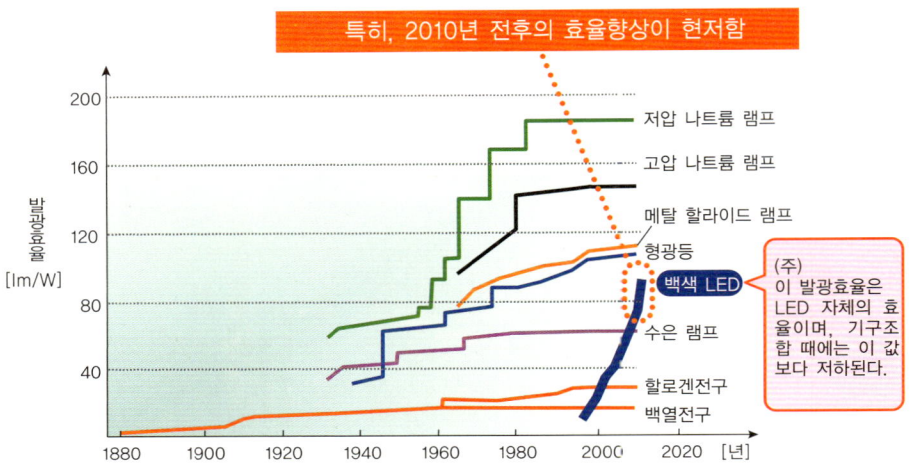

특히, 2010년 전후의 효율향상이 현저함

저압 나트륨 램프
고압 나트륨 램프
메탈 할라이드 램프
형광등
백색 LED
수은 램프
할로겐전구
백열전구

발광효율 [lm/W]

(주)
이 발광효율은 LED 자체의 효율이며, 기구조합 때에는 이 값보다 저하된다.

 위의 그림은 각 광원의 발광효율[lm/W]의 향상을 연도로 나타낸 것이다.

• 백열등은 15[lm/W]의 영역을 넘지 못하여, 전구형 형광 램프나 LED 전구로 대체되고 있다.

• 수은등도 1970년대 이후 효율 상승을 볼 수 없다.

• 형광등의 향상은 일반형 형광등의 효율에서 멈추고 있지만, Hf 인버터 형광등의 등장에 의해 다시 향상되었다.

• 고압 나트륨 램프, 저압 나트륨 램프는 높은 효율을 유지하고 있고, 효율 그 자체는 포화 상태에 있다.

백색 LED가 등장한 1990년대 후반에는 백열등보다 낮았던 것이 실용화 시대를 맞이한 후 해마다 효율이 놀랍게 상승하고 있다.

20 백색 LED의 발광효율 향상

■ 백색 LED의 효율은 앞으로도 향상될 것으로 예측
- 기구와 조합 시의 효율은 현재 동철식 형광등 베이스기구 레벨
- Hf 형광등 베이스기구에 비하면 효율은 가직 떨어져 있다

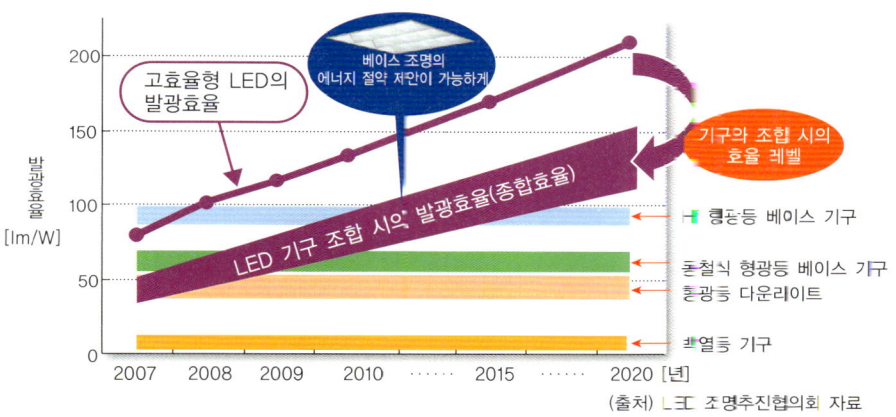

(출처) ㄴㅗ 조명추진협의회 자료

고효율형 LED의 발광효율의 추이는 LED 조명추진협의회(JLEDS)에 의하 예측되고 있다.

자료를 통해 2020년을 향하여 직선적으로 향상되는 것을 얼 수 있다.

기구와 조합 시의 효율은 현재 동철식 형광등 베이스 기구 수준이고, Hf 형광등 베이스 기구에 비하면 효율은 아직 뒤떨어져 있다.

발광효율이 높은 고효율형 LED 칩기 개발되면 패키지도 두닛토 높은 효율을 갖게 되고, LED 기구에 조합되어 높은 발광효율을 가진 기구가 등장하게 된다. 자연히 LED 칩과 LED 기구의 효율 레벨에는 개발상의 시차가 섬긴다.

21 각종 광원의 발광효율 추이

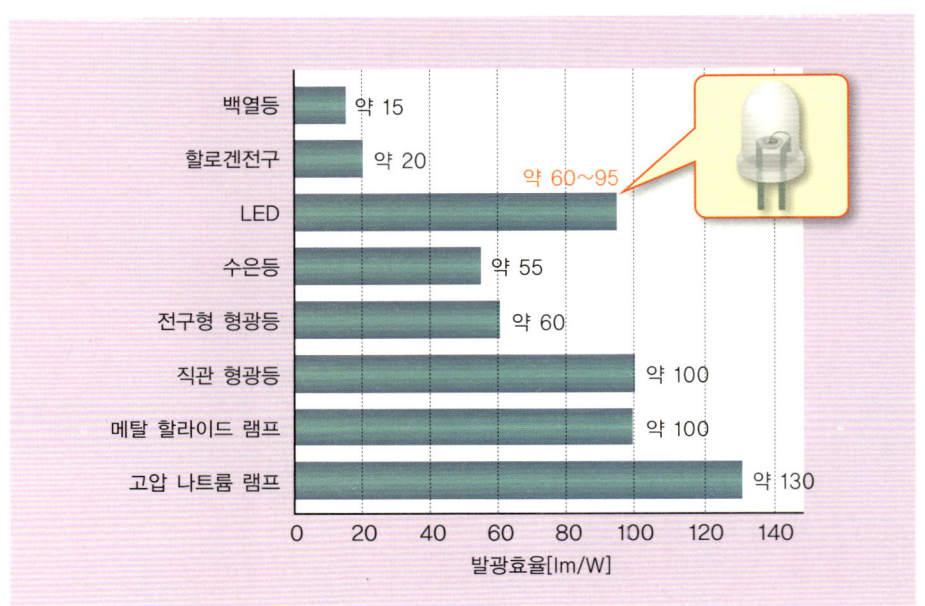

백열등 약 15
할로겐전구 약 20
LED 약 60~95
수은등 약 55
전구형 형광등 약 60
직관 형광등 약 100
메탈 할라이드 램프 약 100
고압 나트륨 램프 약 130

0 20 40 60 80 100 120 140

발광효율[lm/W]

○ 각종 광원의 발광효율을 비교해서 표로 나타내 보았다.

자동차에서 말하는 연비효율[km/L] 같은 것이므로, 가솔린차와 하이브리드차의 차이 이상으로 조명 광원의 효율은 램프에 의해서 달라진다.

○ 에디슨이 교토의 대나무를 필라멘트로 사용하여 겨우 실용화한 백열등도 에코 시대를 맞이하여 대체 광원으로 바뀌고 있다.

조명기구로서 카탈로그에 기재되어 있는 백색 LED의 평균 발광효율의 경우 매년 고쳐써야 할 정도로 그 효율은 계속 해서 높아지고 있다.

22 각종 광원의 수명 비교

■ LED는 다른 광원으로는 불가능한 긴 수명을 실현

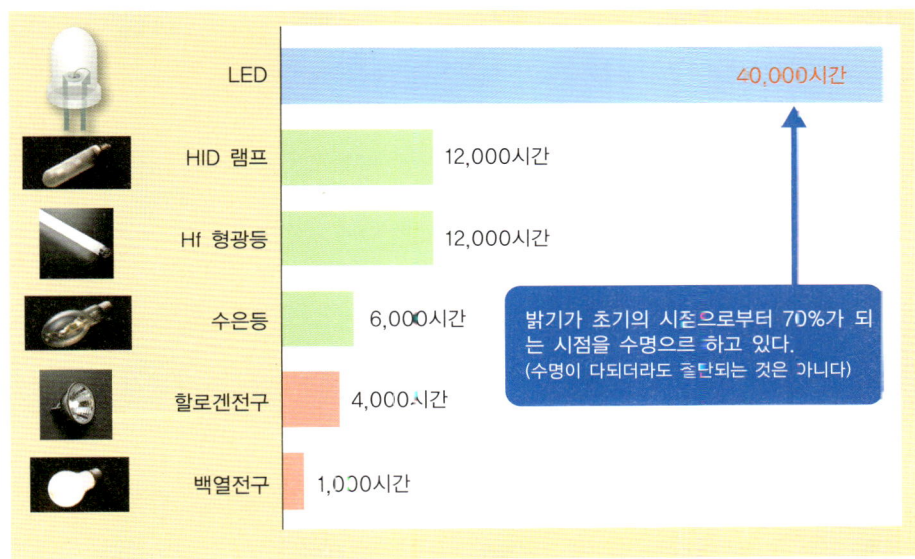

광원	수명
LED	40,000시간
HID 램프	12,000시간
Hf 형광등	12,000시간
수은등	6,000시간
할로겐전구	4,000시간
백열전구	1,000시간

밝기가 초기의 시준으로부터 70%가 되는 시점을 수명으로 하고 있다. (수명이 다되더라도 절단되는 것은 아니다)

○ 종래의 광원과 LED 광원의 수명에 대해서 비교한 표이다.

LED는 백열전구와 비교해서 현격하게 긴 수명을 가지고 있다.

Hf 형광등이나 HID 램프의 12,000시간과 비교하더라도 특별히 긴 수명을 가진 광원이라는 것을 알 수 있다.

○ 덧붙여서 조명업계에서는 연간 점등 시간 3,000시간을 기준으로 경제 비교 계산을 하고 있다.

1일 10시간 점등하면 연간 300일간의 누적 점등 시간이 된다.

연말 대청소할 때 가정마다 형광등의 교환은 3년에서 4년에 한번씩 하게 되는 것이다.

23 LED 조명의 장점

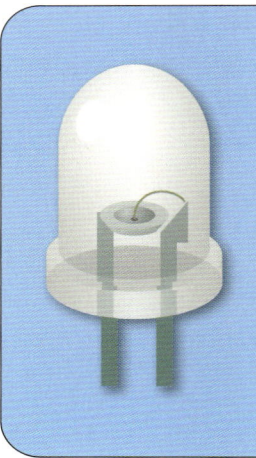

① 에너지 절약
② 긴 수명
③ 소형, 콤팩트
④ 열선, 자외선을 거의 포함하지 않음
⑤ 저온에서 발광효율이 저하하지 않음
⑥ 높은 기구 효율

· 고휘도(뛰어난 시인성)
· 전지 등 저전압에서 점등 가능
· 조광, 점멸이 자유자재
· 빠른 응답 속도 등

 ① 에너지 절약(소전력). 예를 들면, 거의 동격의 「LED 확산 타입 5.2W」는 에너지 소비량이 「백열등 기구 40형」의 약 1/7이다.

② 긴 수명. LED의 40,000시간에 비하여 미니 할로겐전구가 약 2,000시간이므로 약 20배이다. 이처럼 긴 수명의 장점을 살려서 메인터넌스가 어려운 장소나 높은 곳, 위험한 장소에도 사용된다.

③ 소형, 콤팩트. 다운라이트나 스포트라이트 등 콤팩트한 기구도 있고, 기구로서 존재감을 최소한으로 억제하여 빛만을 강조한 설계도 할 수 있다.

④ 열선, 자외선을 포함하지 않는다. 열선(적외선)이 포함되어 있지 않다. 또 자외선도 포함되어 있지 않으므로 저유충(低誘忠) 성능이며, 벌레가 다가오지 않는 장점이 있다.

⑤ 저온에서도 발광효율이 저하하지 않는다. 형광등처럼 저온에서의 효율 저하를 볼 수 없으므로 한랭지나 저온실에서의 사용을 기대할 수 있다.

⑥ 높은 기구효율. 백열등과 같은 지금까지의 광원은 기구 조합 시 일부의 빛을 유효하게 이용할 수 없지만, LED에서는 지향성이 강한 렌즈를 사용하여 대부분의 빛을 유효하게 이용할 수 있다.

24 지금까지의 기술 개발 포인트

용도 확대에 따라 한층 더「에너지 절약 성능 향상」과「빛의 질 향상」이 중요

LED 조명 관련의 요소 기술

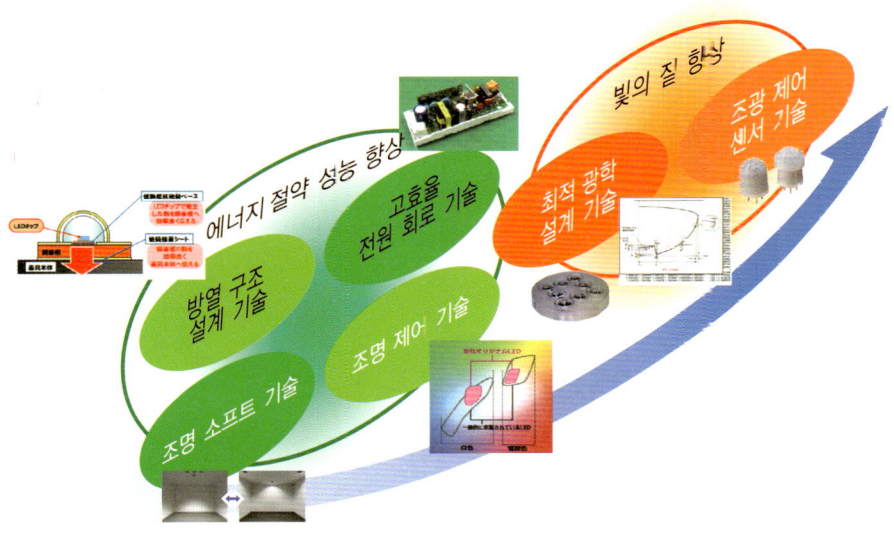

- ■ **고효율 전원 회로 기술**
  - • 전원부에서의 전력 손실의 저감화를 도모하고 있다.
- ■ **방열 구조 설계 기술**
  - • 낮은 온도에서 사용할수록 LED는 발광효율이 높아 수명드 길어진다.
- ■ **조명 소프트 기술**
  - • 광색, 연색성, 밝기감, 배광 등의 소프트 기술
- ■ **조명 제어 기술**
  - • 조광 제어, 센서 제어 등에 의한 컨트롤 기술
  - • 형광체의 양이나 농도의 독자적인 조정에 의해 불균형의 저감
- ■ **최적 광학 설계 기술**
  - • 빛의 손실을 저감시키는 광학 설계
  - • 배광 얼룩, 색 얼룩을 저감시키는 최적 설계

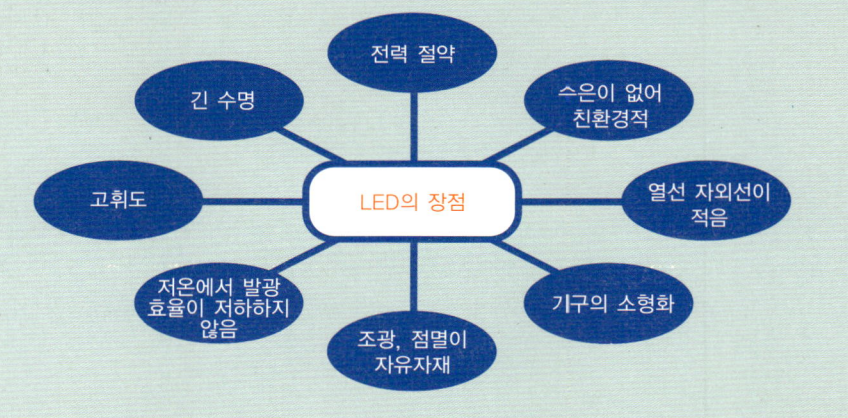

에너지 절약성의 향상과 함께 높은 조명 특성을 가진 LED가 등장
단순한 밝기라는 장점만이 아니라, 다른 LED만의 독특한 장점도 살려 간다.

단순히 효율[lm/W]이나 광속값[lm]만을 비교하면 다른 광원에 우위성이 있다.

LED의 장점
- 전력 절약
- 긴 수명
- 스은이 없어 친환경적
- 고휘도
- 열선 자외선이 적음
- 저온에서 발광 효율이 저하하지 않음
- 기구의 소형화
- 조광, 점멸이 자유자재

 LED 조명의 실용화는 이제 고효율 조명, 고품위 조명의 시대에 이 기술을 어떻게 적용해 가는가에 있다.

단순한 조명으로서 사용하기보다, 조도 이외의 LED만의 요소나 장점을 살린 사용 방법을 고려하는 것도 중요하다.

조명효율[lm/W]이나 광속값[lm] 등의 단일 특성만으로 비교하면 다른 광원에 우위성이 있는 경우도 있다.

결국 LED만의 독특한 특성을 살리면서 에너지를 절약하는 것이 관건이다. 위 그림에 정리했듯이, LED가 가진 장점을 살려서 각각의 조명 시설에 적용 및 설계해 가도록 요구되고 있다. LED의 등장에 의해 새로운 조명 설계 기법의 개발을 지향해 가는 것도 중요하다.

26 유기 EL의 특징과 과제

- 면발광의 부드러운 빛
- 저전압, 소전력에서 점등 가능
- 박형/플랫
- 열선, 자외선이 거의 포함되지 않는다
- 조광, 점멸이 자유자재(응답 속도가 빠르다)
- 수은 등의 유해 물질이 포함되지 않는다
- 저온에서 발광효율이 저하하지 않는다

- 조명 용도로서 효율이 낮다
- 고휘도화하면 수명이 짧다
- 제조 기술의 미확립(특히 대형화)

 유기 EL(electroluminescence)이란, 유리나 플라스틱 등의 위에 유기물을 도 포하여 전기(electro)를 통하게 하면 유기물이 발광(luminescence)하는 것으 로, 박형·면발광을 한다. 수은 등의 유해 물질을 포함하지 않는 것 등의 장점이 있으며, 차세대의 광원으로서 기대되는 새로운 발광체이다

유기 EL의 특징으로는 대부분 LED의 장점과 거의 같지만 가장 큰 차이는 면광 원(LED는 점광원)이라는 것이다.

27 신광원 시대의 개막

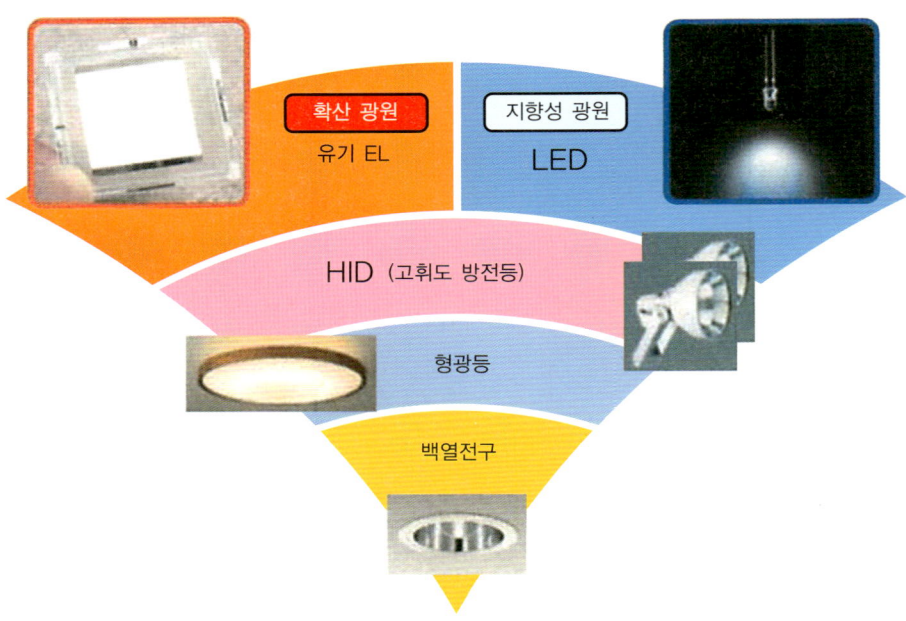

확산 광원
유기 EL

지향성 광원
LED

HID (고휘도 방전등)

형광등

백열전구

현재 우리는 여러 가지 종류의 광원을 선택할 수 있게 되었다. 조명의 목적이나 조명 환경, 그에 더해 경제성까지 고려해서 조명 공간을 만드는 것도 가능하다. 포근한 분위기에서 음영을 즐길 수 있는 백열등, 고조도에 대응한 경제적인 형광등, 스포츠 시설이나 공장 조명, 경관 조명에는 없어서는 안 될 HID 램프, 그리고 수명이 긴 광원의 대표격인 LED, 점광원에서 면광원으로 전개할 수 있는 유기 EL이 있어, 다양한 광원을 구분해서 사용하는 시대가 다가왔다.
따라서 각각의 조명 특성을 살리는 지혜가 필요하다.

28 LED와 유기 EL의 장래 전망

■ 유기 EL과 LED

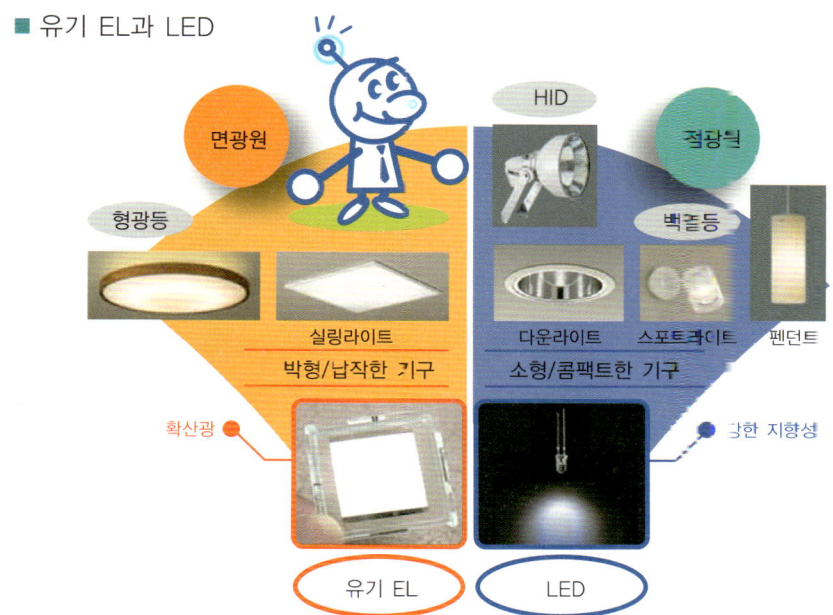

 ● LED는 칩이 점광원이기 때문에 원래 지향성이 강한 스포트 조명이나 다운라이트와 같은 사용 목적에 적당하다.

일반 조명이나 형광등과 같은 베이스 조명으로서 사용할 수 있도록 형광등과 같은 배광을 가졌기 때문에 빛의 확산에 대한 고안 연구가 진행되고 있다.

● 반면 유기 EL은 발광면 그 자체가 면이므로 부드럽게 면발광하기 때문에 방 전체를 밝게 할 수 있다.

가정의 실링라이트나 사무실용 베이스 조명인 형광등의 대체 조명으로서 기대를 모으고 있고, 또 새로운 조명 설계 방법의 개발로 이어지고 있다.

● 조도의 측정 방법

조도는 기본적으로 수평면 조도를 측정한다. 수평면 조도에는 바닥면 조도나 책상 윗면의 조도가 있다. 또, 벽면이나 안면 등의 측정은 연직면 조도가 된다. 측정피치(간격)는 세로 방향과 가로 방향은 일정 간격으로 복수점을 측정하여 평균값을 산출한다.

단위 구획마다 평균조도는 측정점의 단순 평균값으로 나타낸다.

가중평균조도는 단위 구획이 연속될 경우 등에 사용하고, 측정점의 면적 비율로 산출하는 가중평균으로 산출한다. 도로나 터널의 노면조도의 측정에 이용된다.

■ 주의 사항

• 조도계의 수광부의 오염 여부를 확인한 후 측정을 개시한다.
• 수평면 조도를 측정할 경우는 조도계가 수평이 되도록 설치한다.
• 측정할 때에 측정자의 그림자가 들어가지 않도록 주의한다.

1. **기본적으로 수평면 조도를 측정**
   바닥면·책상 윗면은 수평면 조도,
   벽면은 연직면 조도로 표현

2. **측정피치**
   세로 방향과 가로 방향은 일정 간격
   으로 복수 측정

3. **포인트로 측정할 경우**
   평면도 등에 측정 조건을 기재

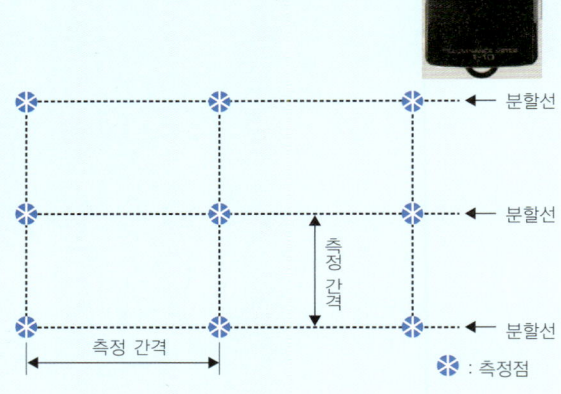

※주의
• 자신의 그림자가 들어가지 않도록
• 홀드 기능 활용
• 측정봉 활용

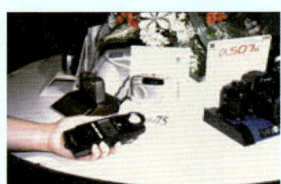

• 가격은 약 10만엔 정도
• 2년에 1회의 검정이 필요

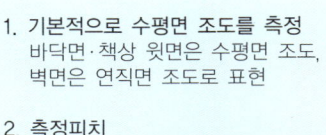

← 분할선
← 분할선
← 분할선

측정 간격

측정 간격

�֎ : 측정점

진화하는 조명용 광원

– 백열등에서 LED 조명까지

조명용 광원의 개발 역사

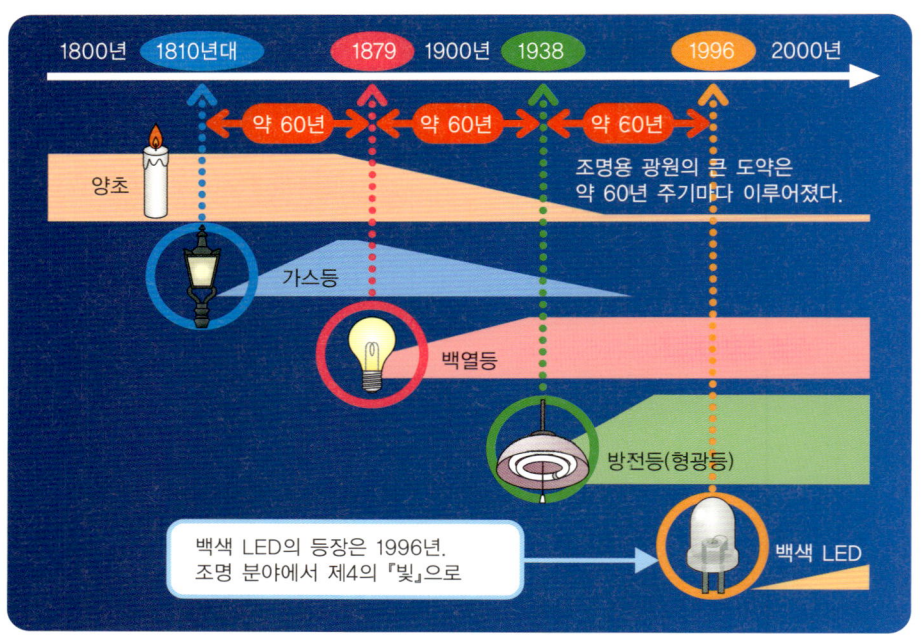

1800년　1810년대　　　1879　1900년　1938　　　　1996　2000년

약 60년　　약 60년　　약 60년

양초

조명용 광원의 큰 도약은
약 60년 주기마다 이루어졌다.

가스등

백열등

방전등(형광등)

백색 LED의 등장은 1996년.
조명 분야에서 제4의 「빛」으로

백색 LED

 조명용 광원의 개발을 역사적으로 조망해 보자.

오랫동안 양초 빛의 시대가 계속되었지만, 먼저 1810년대에 **가스등**이 등장하였다. 그리고 1879년에 전기 에너지로 점등하는 **백열등**이 에디슨에 의해 실용화됨으로써, 1955년경부터 일반 가정의 조명으로서 형광등이 보급되기까지 오랫동안 조명의 주류를 차지하였다.

형광등이 1938년에 개발되어 당시에는 호류사의 벽면조명 등에 사용되었지만 가정이나 사무실에 보급되기까지는 어느 정도 시간이 흐른 후였다. 지금은 가정이나 사무실에서도 형광등이 당연하게 일반화되어 있다. 또, 일본인만큼 형광등을 좋아하는 국민성은 없어, 반짝반짝 밝게 빛을 발하여 경제의 향상과 함께 조도도 향상되어 왔다. 마치 밝게 하는 것이 풍요를 의미하는 것처럼 균일한 고조도화 향상을 볼 수 있다. 그리고 1996년에 「제4의 빛」으로 **백색 LED**를 실용화하였다. 이때부터 이루어진 대광속화, 품종 확충은 놀라울 정도이다.

2 광원의 분류

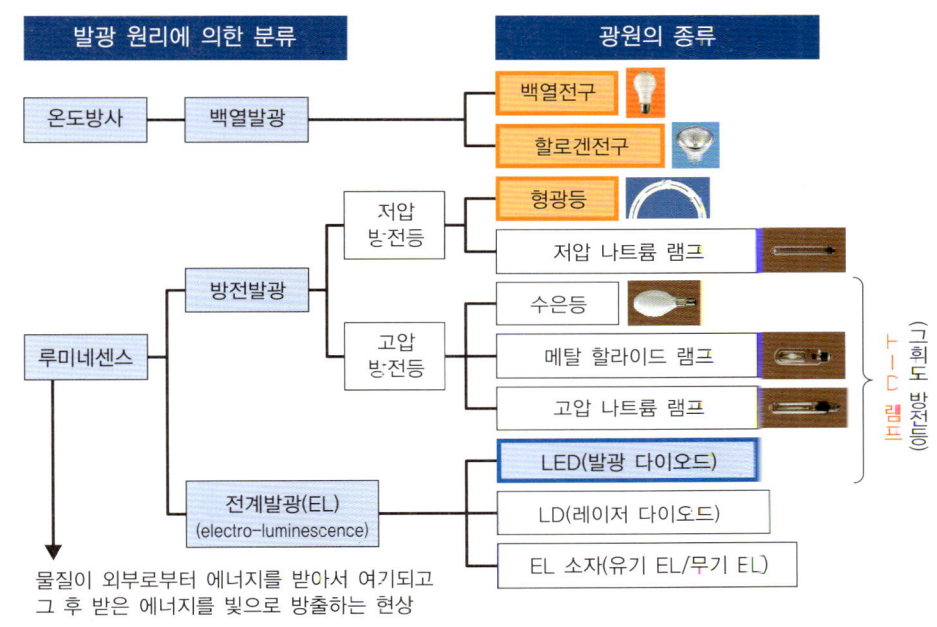

발광 원리에 의한 분류	광원의 종류

- 온도방사 — 백열발광 — 백열전구 / 할로겐전구
- 루미네센스 — 방전발광 — 저압 방·전등 — 형광등 / 저압 나트륨 램프
  - 고압 방·전등 — 수은등 / 메탈 할라이드 램프 / 고압 나트륨 램프 (HID 램프 (그 외도 방전등))
- 전계발광(EL) (electro-luminescence) — LED(발광 다이오드) / LD(레이저 다이오드) / EL 소자(유기 EL/무기 EL)

물질이 외부로부터 에너지를 받아서 여기되고
그 후 받은 에너지를 빛으로 방출하는 현상

○ 발광 원리에 의한 분류

온도방사의 대표격은 백열발광의 백열전구이다. 그 중간에 할로겐전구가 있다.
루미네센스 발광에는 방전발광과 전계발광이 있다. 방전발광에는 저압 방전등과
고압 방전등이 있다. 저압 방전등의 대표 격이 형광등이다.
고압 방전등에는 수은등, 메탈 할라이드 램프, 고압 나트륨 랎프가 있고, 총칭
해서 HID 램프라고 부르고 있다.
최근 등장한 LED나 점차 실용화 되고 있는 유기 EL은 전계발광이 된다.

○ 각각 방전 원리에 의해서 분류되지만, 일반 사용자는 광원의 종류로 분류하고,
그 특성이나 특징을 이해하는 쪽이 이해하기 쉬울 것이다.

3 백열전구의 점등 원리와 특징

구조

필라멘트

펄프
불활성 가스
(아르곤, 질소)

구금

저항값이 높은
텅스텐 필라멘트

발광 원리

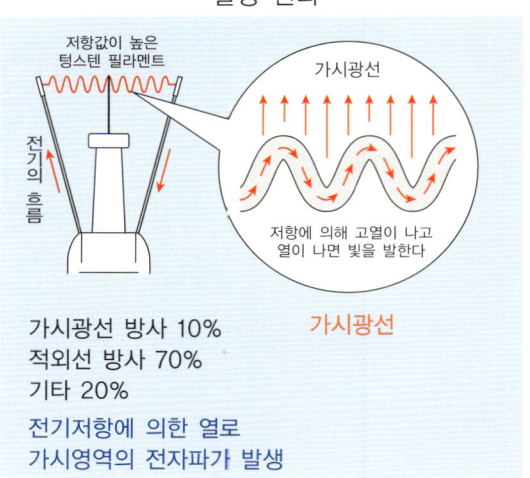

저항값이 높은
텅스텐 필라멘트

전기의 흐름

가시광선

저항에 의해 고열이 나고
열이 나면 빛을 발한다

가시광선

가시광선 방사 10%
적외선 방사 70%
기타 20%

전기저항에 의한 열로
가시영역의 전자파가 발생

E26

26mm

(일반 전구 등)

E17

17mm

(미니크립톤전구 등)

E11

11mm

(흘로겐전구 등)

전구의 구금

 텅스텐 필라멘트에 전류가 흐르면 필라멘트의 전기저항에 의해서 2천도 정도로 가열되어 백열화하고 점점 붉은기를 띤 백색 빛을 발산한다.

4 백열전구·할로겐전구의 특징

| 장점 | • 소형·경량으로 많은 종류의 W가 있다.
• 값이 싸다.
• 안정기가 불필요하고 사용이 간단하다.
• 연색성이 좋다.
• 점광원이기 때문에 배광제어가 쉽다.
• 순시 점등, 점멸, 조광을 할 수 있다.
• 주위 온도로부터 받는 밝기의 영향이 적다. |

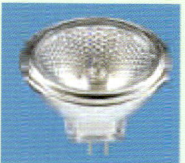

| 단점 | • 효율이 나쁘기 때문에 고조도가 필요한 공간에 사용하지 않는다.
• 방사열이 많기 때문에 근접 사용 시 방열에 대한 대비가 필요하다.
• 수명이 짧다(일반적인 백열전구는 1,000~2,000시간 정도).
• 다양한 색의 빛을 얻기 어렵다. |

◉ 백열전구가 아니면 할 수 없는 일

- 반짝임이나 빛남이 필요한 경우
- 차분하고 좀 어두운 공간을 만들고 싶을 경우
- 스무드하게 0%까지 조광하고 싶은 경우
- 조명기구의 콤팩트성을 요구하는 경우
- 샤프한 불빛들이 필요한 경우
- 점멸 빈도와 신속한 응답성을 요구하는 경우
- 높은 연색성을 요구하는 경우

◉ 할로겐전구의 장점

할로겐전구도 백열전구의 일종이지만, 백열전구와 큰 차이는 유리구에 석영유리를 사용하고 있다는 것과 봉입 가스에 할로겐가스를 사용하기 때문에 "할르겐 사이클"에 의해 뛰어난 수명 특성과 광속유지율을 발휘한다. 콤팩트한 모양 때문에 점포의 상품 전시 조명 등에 이용되고 있다.

5 형광등의 발광 원리와 특징

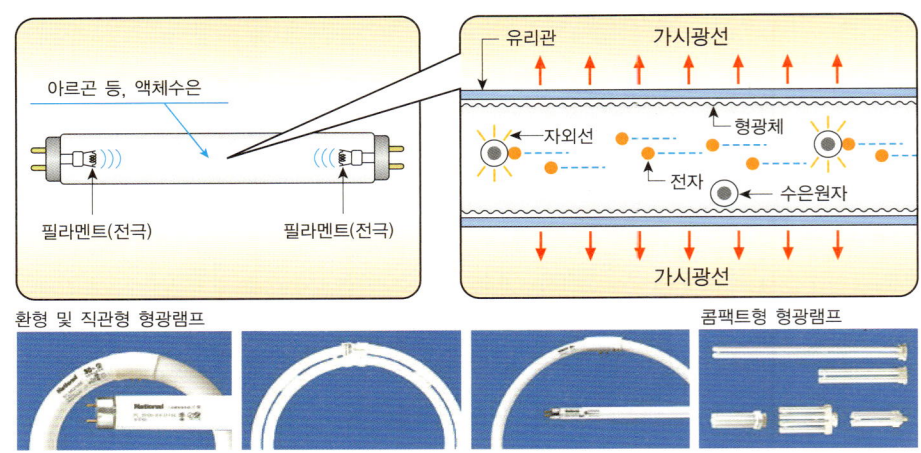

아르곤 등, 액체수은

필라멘트(전극)   필라멘트(전극)

유리관   가시광선

자외선   형광체

전자   수은원자

가시광선

환형 및 직관형 형광램프   콤팩트형 형광램프

장점	• 효율이 좋다. • 가격이 저렴하다. • 연색성이 좋다(Ra≧80). ※백색은 Ra : 60 • 저휘도로 밝지만 눈이 부시지 않다. • 다양한 광색을 만들기 쉽다. • 긴 수명 • 순시 점등, 점멸, 조광이 가능하다.	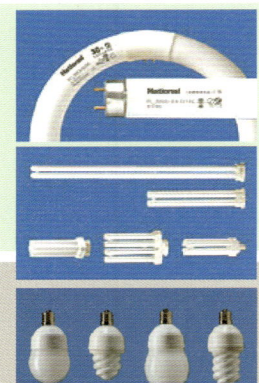
단점	• 고W의 제품은 실용적으로 만들 수 없다. • 램프가 길어서 집광하여 사용할 수 없다. • 주위 온도의 영향을 받기 쉽다. • 안정기가 필요하다.	

형광등의 점등

(1) 필라멘트에 전류를 흘리면 가열되어 필라멘트에서 관 내로 전자가 방출된다.

(2) 이 전자가 다른 쪽의 필라멘트에 끌려 이동할 때 관 내에 봉입된 수은원자와 충돌하여 자외선(파장 253.7nm)이 방출된다.

(3) 자외선이 관 내에 도포된 형광체에 조사되어 가시광선으로 변환된다(형광체의 종류에 따라 광색을 바꿀 수 있다).

6 실링라이트에 사용되는 램프

 제 3 편 진화하는 조명용 광원—백열등에서 LED 조명까지—

■ 환형 형광등(FCL)과 슬림 형광등(FHC), 트윈 Pa(FHD)의 차이

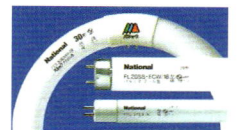 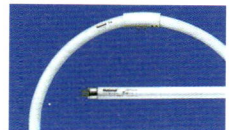 

FCL에서 슬림 형광등 · 트윈 Pa의 시대로

램프의 종류	관경[mm]	효율[lm/W]	수명[시간]
FCL(환형 형광등)	29	89.1	6,000
FHC(슬림 형광등)	16	92.6	9,000
FHD(트윈 Pa)	20	102.0	12,000

🔴 **주택 분야의 메인 조명**으로서 보급되고 있는 것이 **실링라이트**이다.

이 실링라이트에 사용되고 있는 램프가 형광등이다. 이 형광등도 진화해서 효율 상승과 에너지 절약화를 꾀하고 있다.

FCL은 이전의 **환형 형광등**이다. 관경은 29[mm]이고 효율은 90[lm/W] 전후이며 수명은 6,000시간이다. **FHC는 슬림 형광등**이라고 불리며, 관경이 16[mm]로 좁고 효율도 향상되어 수명은 9,000시간까지 연장되고 있다.

FHD는 트윈 Pa 형광등이라고 불리며, 관경은 20[mm]이고 효율은 100[lm/W]를 넘고 수명은 12,000시간까지 늘어났다.

🔴 가전 매장에 가서 형광등을 고를 때 종류가 많아서 망설이게 되지만, 우선 위와 같이 구분한 후, 와트 수, 광색 등을 선정하면 의외로 간단하게 선택할 수 있다.

이러한 슬림 형광등, 트윈 Pa의 등장에 의해 실링라이트가 두껍지 않은 구조를 갖게 되고 보다 밝게 되었다.

🔴 물론 FHC, FHD로 바뀌게 되어 FCL 시대의 동금 안정기에서 인버터 안정기로 변화해 왔다. 전원 주파수에 의존하지 않고도 **고주파 점등이 가능하여 고효율**, **저소음**, **경량화**가 진행되고 있으며 반짝임도 많이 줄었다.

7 형광등의 형식·기호를 보는 법

램프의 종류 및 모양	크기와 관경	광원색 및 연색성	램프전력
FL FLR FCL FHF FPL FDL FML FWL FHT FHP	4··10··20S·· 40SS··110 등 S. SS는 관경을 나타내는 콤팩트형의 경우는 램프전력과 같은 숫자	D, N, W, WW, EDL 등 3파장형의 경우, 앞에 EX를 붙인다.	크기 구분과 램프전력이 다를 경우, 램프전력을 덧붙여 쓴다.

FLR40S · D/M(래피드 스타트형, 크기 40, 관경S, 주광색, 램프전력 40W)
FL20SSEX–N/18(스타트형, 크기 20, 관경SS, 3파장형 주백색, 램프전력 18W)
FCL30W/28(스타트형, 환형, 크기 30, 백색, 램프전력 28W)
FDL27EX–N(콤팩트 D형, 램프전력 27W, 3파장형 주백색)

주된 종류	원포인트 장점	광색	색온도	평균연색평가수
고효율 고연색형 (3파장 영역 발광형)	밝기·에너지 절약성과 색이 보이는 방식을 양립시킨 형광등	전구색	3,000K	Ra 84
		온백색	3,500K	Ra 84
		백색	4,200K	Ra 84
		내추럴색	5,000K	Ra 84
			5,200K	Ra 84
		시원한 색	6,700K	Ra 84
			7,200K	Ra 84
고연색형	색이 보이는 방식을 중시한 형광등	연색 AAA 전구색	2,700K	Ra 95
		연색 AAA 백색	4,000K	Ra 98
		연색 AAA 주백색	5,000K	Ra 99
		연색 AA 백색	4,200K	Ra 90
		연색 AA 주백색	5,000K	Ra 89
		연색 AA 주광색	6,500K	Ra 92
보통형 (고효율형)	경제성을 중시한 형광등	온백색	3,500K	Ra 60
		백색	4,200K	Ra 61
		풀화이트(주백색)	5,000K	Ra 70
		주광색	6,500K	Ra 74

8 형광등 점등회로(안정기)

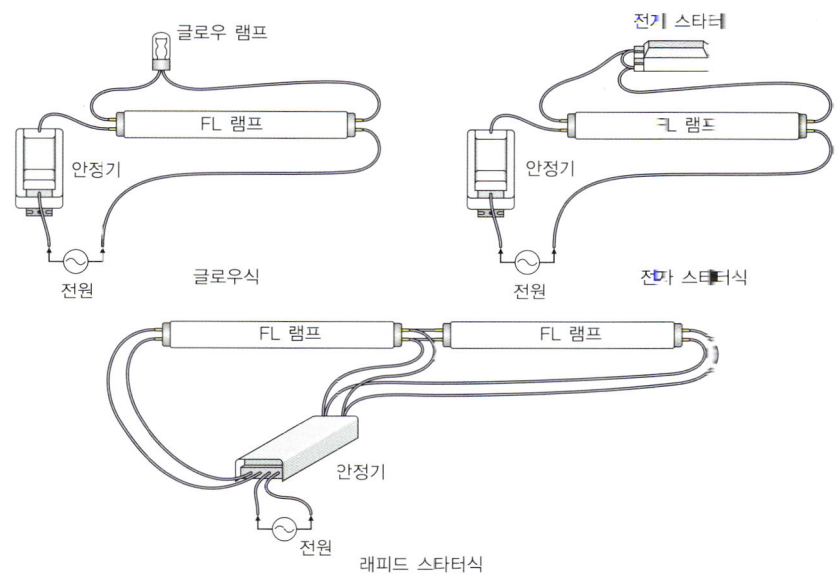

글로우 램프 / FL 램프 / 안정기 / 전원 / 글로우식

전기 스타터 / FL 램프 / 안정기 / 전원 / 전자 스타터식

FL 램프 / FL 램프 / 안정기 / 전원 / 래피드 스타터식

 형광등은 점등회로와 일체되어 발광하는데, 이 점등회로를 일반적으로 안정기 라고 한다. 점등회로도 시대의 변천과 함께 새로운 방식이 개발되었고, 최근에는 인버터 방식이 일반적으로 사용되어, 점등까지 시간이 걸리는 글로우 램프를 사용한 글로우식은 찾지 않게 되었다. 형광등의 점등 방식의 변천을 열거해 보았다.

(1) 스타터식 점등회로(글로우식, 전자 스타터식)

글로우 점등관을 사용해서 램프를 점등시키는 방식으로, 점등하기 까지 몇 초가 걸린다. 글로우식 대신에 등장한 것이 전자 스타터식으로, 즉시 점등시키는 방식이다.

(2) 래피드식(래피드 스타트식)

글로우관의 역할을 안정기와 램프가 대신하는 방식이고, 전용 램프(FLR 램프)가 필요한 것이 특징이다. 즉시 점등해서 글로우관은 불필요하다.

(3) 인버터 방식

전자회로를 사용해서 고주파로 램프를 점등시키는 방식이다. 고효율로 현저 주류이고, 물론 글로우관 등은 필요하지 않다.

9 형광등 점등회로(스타터식)

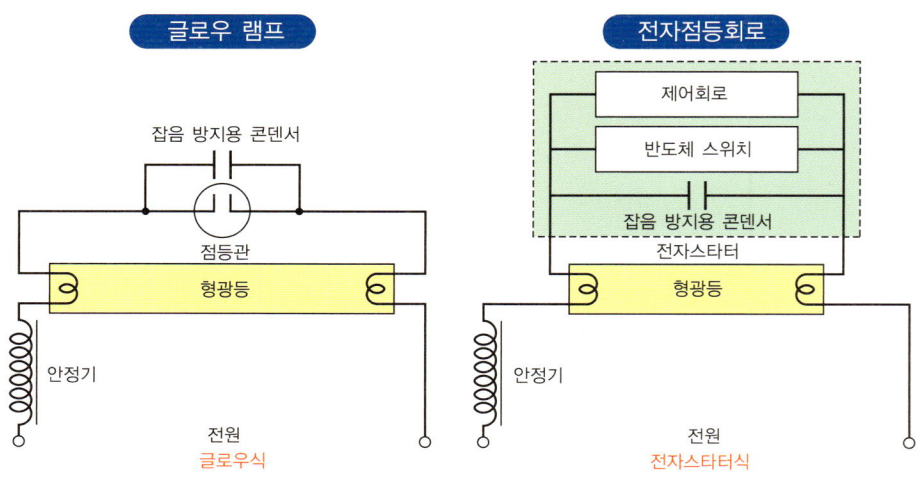

글로우 램프

잡음 방지용 콘덴서

점등관

형광등

안정기

전원
글로우식

전자점등회로

제어회로

반도체 스위치

잡음 방지용 콘덴서

전자스타터

형광등

안정기

전원
전자스타터식

 ● 시동할 때 전극을 예열하여 고압 펄스를 발생하는 스타터(시동 장치)를 이용한
다.
스타터(시동 장치)로는 일반적으로 「점등관(글로우 스타터)」이 많이 사용되지만,
그 외에 그것을 대신하는 「전자점등관」이나 「전자점등회로」를 내장한 기구도 있
다.

● 점등관(글로우 스타터)은 바이메탈의 기계적인 움직임을 이용하고 있기 때문에
램프 점등까지 2~3초 필요하지만, 전자점등관이나 전자회로 내장의 전자스타터
식은 즉시(0.6~1.2초) 점등한다.
전자점등관은 점등관(글로우 스타터)과 같은 길이로 구금을 사용하고 있으므로
그대로 교환할 수 있다.

10 형광등 점등회로(래피드 스타트식)

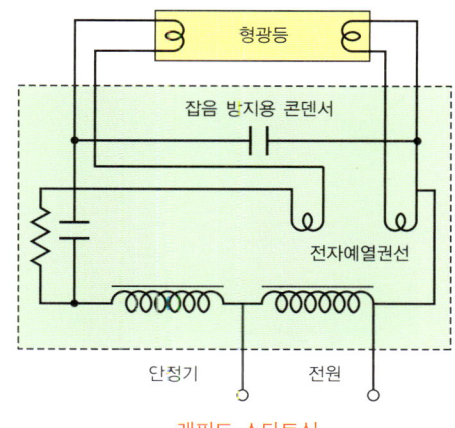

래피드 스타트식

 점등관(글로우 스타터)을 이용한 스타터식이 점등에 조금 시간이 걸리는 점에 반해, 안정기와 램프의 조합으로 개선한 것이 래피드 스타트식이다. 전원 스위치를 넣은 후 약 1초면 점등한다.

안정기에 부가된 전극 예열회로와 승압회로가 전극의 예열과 점등에 필요한 고전압을 발생하여 근접도체의 시동 보조에 의해 점등한다. 이 때문에 점등관 등의 스타터(시동 장치)는 불필요하지만, 시동 보조를 위한 근접도체가 필요하다. 근접도체는 기구로 대신 쓰는 경우와 램프 자체에 설치된 경우가 있다.

11 형광등 점등회로(인버터식)

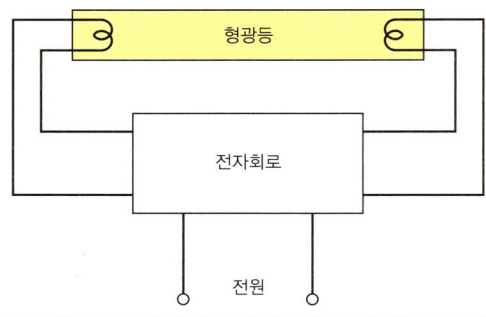

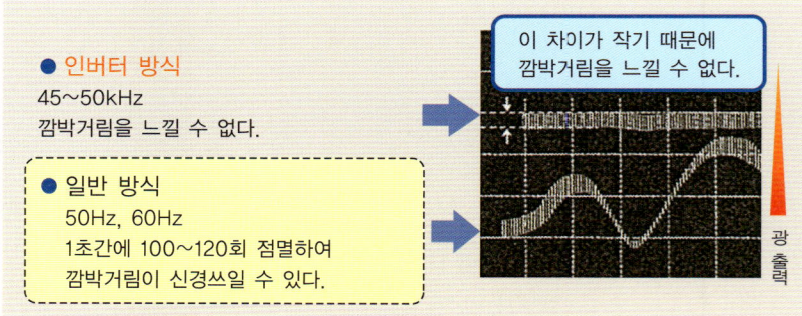

● 인버터 방식
45~50kHz
깜박거림을 느낄 수 없다.

● 일반 방식
50Hz, 60Hz
1초간에 100~120회 점멸하여
깜박거림이 신경쓰일 수 있다.

이 차이가 작기 때문에 깜박거림을 느낄 수 없다.

광 출력

상업용 교류 전원을 정류평활하여 고주파로 변환해서 형광등을 점등시키는 방식이다.

점등 주파수는 가전용 리모컨 주파수대 33~40kHz를 제외한 20~70kHz로 설정되어 있다.

전자회로의 움직임에 의해 전극의 예열 시간이 적어 즉시 점등을 할 수 있다.

고주파 점등에 의해 전력 절약, 고효율, 50Hz/60Hz 겸용, 저소음, 램프의 깜박거림이 느껴지지 않는다는 등의 장점을 가지고 있다.

점등관 등의 스타터(시동 장치)식이나 무겁고 큰 안정기가 불필요하므로 기구가 가볍고 소형이다.

12 HID 램프의 발광 원리

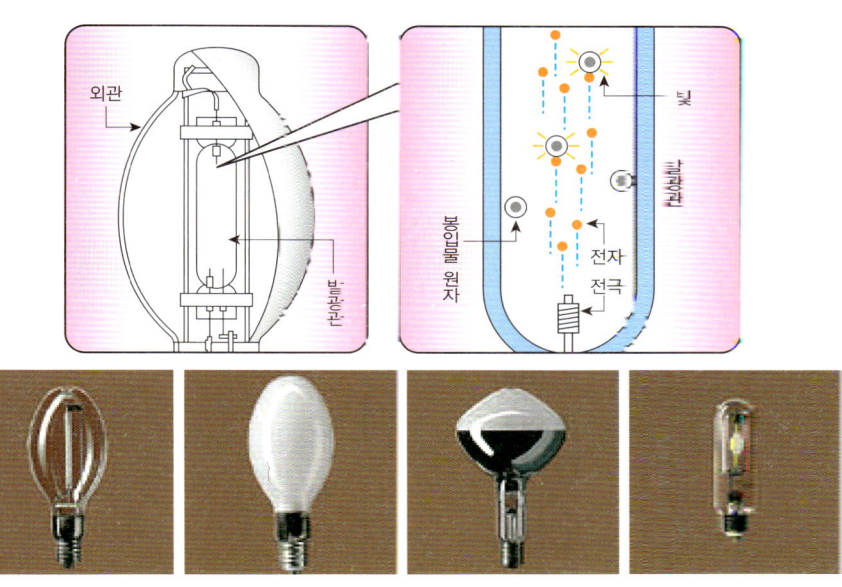

외관 / 빛 / 봉입물 원자 / 발광관 / 전자 / 전극 / 발광관

 HID 램프의 발광

전극에서 방출된 전자가 발광관 내에 봉입된 원자와 충돌하여 발광한다.

발광관 안은 봉입물의 압력(밀도)이 높아 방전 개시와 함께 온도가 높아지 도록
설계되어 있고, 형광등과는 다른 가시광선이 방출된다.

봉입 물질의 차이에 의해 나오는 빛이 다르다.

수은등　　　　　　： 수은이 봉입되어 있으므로 청백색 빛

고압 나트륨 램프　： 나트륨이 봉입되어 있으므로 황색기를 띈 빛

메탈 할라이드 램프 : 여러 종류의 금속 할로겐화물을 봉입해서 백색 빛

(주) HID 램프(고휘도 방전등) : High Intensity Discharge Lamp

13 HID 램프의 특징

장점	• 효율이 높다. • 긴 수명(~24,000시간) • 고휘도(고W)이다. • 고조도가 필요한 경우나 넓은 범위를 비추는 경우, 경제적이다.

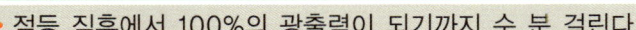

단점	• 점등 직후에서 100%의 광출력이 되기까지 수 분 걸린다. • 재점등에 시간이 걸린다. • 안정기가 필요하다. • 연색성이 나쁜 종류가 있다. • 점등 방향이 제한되는 종류가 있다. • 조광이 불가능한 종류가 많다.

기본 원리는 형광등과 같고, 발광관 내의 방전에 의해서 발광한다. 형광등은 자외선 방사가 대부분이지만, HID 램프에서는 봉입된 금속 요오드화물의 종류에 의해서 다채로운 빛을 효율적으로 발광한다.

수은등은 수은을 봉입하고, 고압 나트륨 램프는 나트륨을 봉입하며, 메탈 할라이드 램프는 요오드화탈륨, 요오드화인듐 등 많은 금속 할로겐화물을 봉입하여 백색광을 발광한다.

발광관 내의 고온화가 필요하기 때문에 스위치를 넣고 나서 보통 몇 분이 걸리며, 재점등에는 발광관이 원래로 돌아오기까지 시간이 걸린다.

14 필라멘트가 없는 무전극 램프

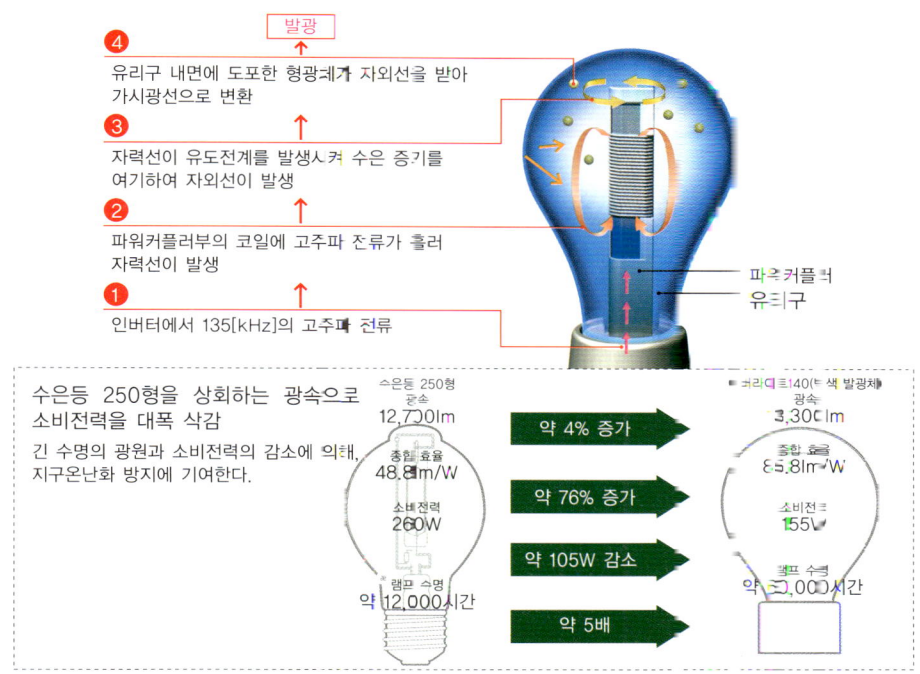

발광

④ 유리구 내면에 도포한 형광체가 자외선을 받아 가시광선으로 변환

③ 자력선이 유도전계를 발생시켜 수은 증기를 여기하여 자외선이 발생

② 파워커플러부의 코일에 고주파 전류가 흘러 자력선이 발생

① 인버터에서 135[kHz]의 고주파 전류

파워 커플러
유리구

수은등 250형을 상회하는 광속으로 소비전력을 대폭 삭감

긴 수명의 광원과 소비전력의 감소에 의해, 지구온난화 방지에 기여한다.

수은등 250형
광속
12,700lm

총합 효율
48.8lm/W

소비전력
260W

램프 수명
약 12,000시간

약 4% 증가

약 76% 증가

약 105W 감소

약 5배

크라디 트140(트색 발광체)
광속
3,300lm

총합 효율
83.8lm/W

소비전력
155W

램프 수명
약 30,000시간

○ 무전극 램프는 전극을 가지지 않은 방전 램프이다. 백열등이나 형광등과 같이 필라멘트가 있는 램프는 점등 때 필라멘트가 가늘어져 나중에는 단선된다. 무전극 램프의 밸브 내에는 기본적으로 소모되는 것이 없으므로 긴 수명을 갖는 것이 가능하게 된다. 전극 대신에 유도 코일을 이용해서, 밸브 내의 수은 증기를 여기시켜 자외선을 발생시킨다. 그 자외선이 밸브 내에 도포한 형광체에 의해서 가시광이 되는 원리는 형광등과 같다. 종래의 형광등이나 HID 램프와 비교해서 6만 시간 정도의 긴 수명을 갖게 되었다.

○ 이 무전극 램프의 장점은 수명이 길고, 깜박임이 없고, 즉시 점등과 재점등이 용이하고, 연색성이 높은 점 등을 들 수 있다.

종래의 수은등과 비교하면 에너지가 대폭 절약된다. 같은 와트 수라면 조도도 대폭 올라간다.

15 에너지 절약 시대 – "탈 백열전구"의 움직임

~백열전구~
(실리카전구)

~전구형 형광등~
(파룩볼 등)

VS

LW100V54W

EFA15EL10H

69.7kg	CO$_2$ 배출량	12.9kg

※점등 시간 : 3,000시간   ※CO$_2$ 배출계수 : 0.43[kg/kWh]

54[W]	소비전력	10[W]
1,000시간	정격수명	10,000시간
810[lm]	전광속	810[lm]

절전을 외치는 소리가 높아지는 요즘, 세상은 바야흐로 에너지 절약 시대이다. 지금까지 설명했듯이 백열전구는 그 나름의 장점도 있지만, 발광효율이 나쁘기 때문에 "탈 백열전구"의 움직임도 높아지고 있다.

그 대체품으로서 주목받고 있는 것이 「전구형 형광등」과 「LED 전구」이다. 위의 그림은 백열전구(실리카전구)와 전구형 형광등을 비교해서 나타낸 것이다.

16 E-26 전구는 전구형 형광등으로

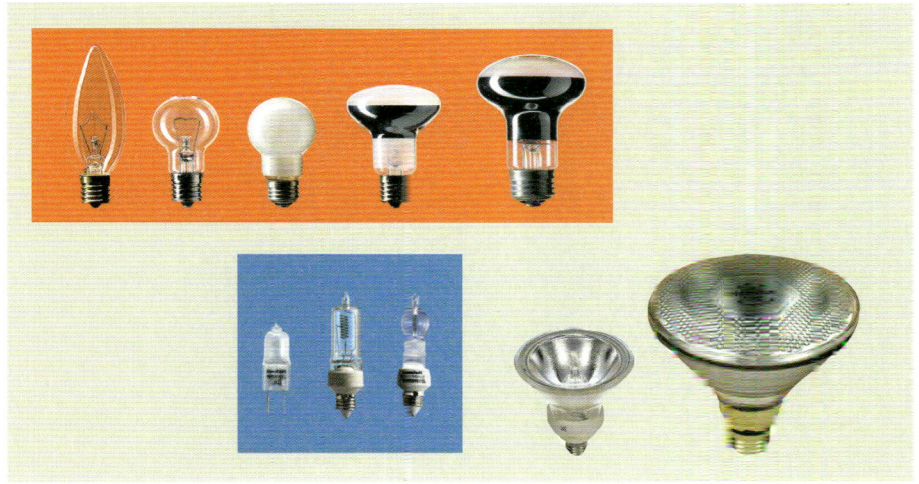

 ● 현재 E-26형 백열전구는 에너지 절약 트렌드에 발맞추어 피가 되는 칭향으로 가고 있다.

전구형 형광등으로의 대체가 진행되어 와트 수 타입도 꾸준히 증가해 왔다. 다만, 조광이나 점멸, 샹들리에의 반작임 등의 연출용 전구는 전구형 형광등으로 당장은 대체할 수 없기 때문에 공급은 계속된다.

또, 현재 상태의 전구형 형광등으로 바꿀 수 없는 전구에 대해서는 다시 개발이 진행되고 있다.

할로겐전구, 미니클립톤전구, 샹들리에전구 등은 전구형 형광등으로 바꾸는 것보다 LED 타입으로 대처되는 움직임이 가속화되고 있다.

17 전구형 형광등의 종류

구금 타입에 의한 종류

	E-17 구금 타입	E-26 구금 타입
A형	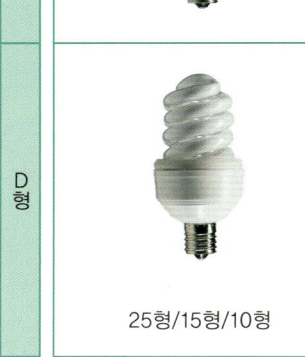	
D형		
	25형/15형/10형	25형/15형/10형

모양에 의한 종류

■ 모양으로 본 전구형 형광등의 종류

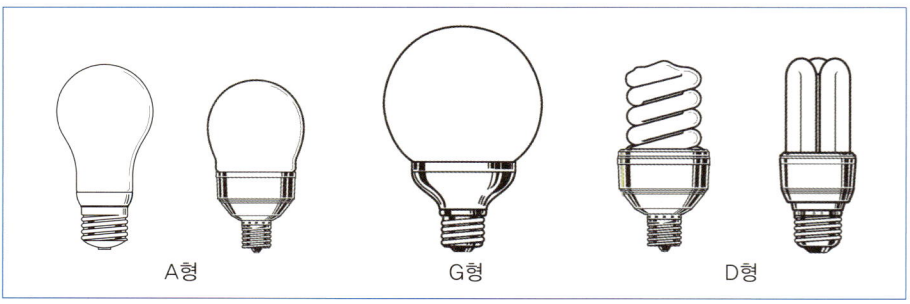

A형 　　　　　　　 G형 　　　　　　　 D형

전구형 형광등을 구금의 종류나 모양에 의해 분류한 것이 위의 그림이다. 이외
에 다양한 광색도 있기 때문에 많은 제품이 있다.

18 LED 전구의 장점

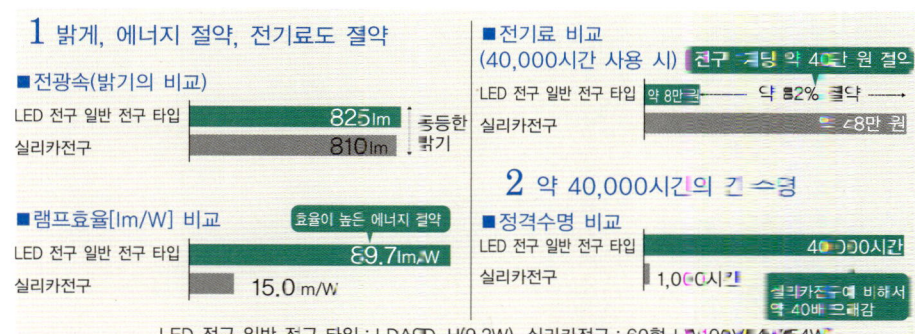

1 밝게, 에너지 절약, 전기료도 절약

■ 전광속(밝기의 비교)

LED 전구 일반 전구 타입	825lm
실리카전구	810lm

동등한 밝기

■ 램프효율[lm/W] 비교 효율이 높은 에너지 절약

LED 전구 일반 전구 타입	89.7lm/W
실리카전구	15.0 m/W

■ 전기료 비교
(40,000시간 사용 시) 전구 1개당 약 40만 원 절약

LED 전구 일반 전구 타입	약 8만 원
실리카전구	약 48만 원

약 82% 절약

2 약 40,000시간의 긴 수명

■ 정격수명 비교

LED 전구 일반 전구 타입	40,000시간
실리카전구	1,000시간

실리카전구에 비해서 약 40배 오래감

LED 전구 일반 전구 타입 : LDA9D-H(9.2W), 실리카전구 : 60형 LW100V54W 54W

● 위의 그림은 실리카전구와 LED 전구를 비교해서 그 특색을 나타낸 것이며, 백열전구의 대체품으로서 주목받고 있다.

● 전광속(밝기)의 비교
실리카전구 60형 LW 100V 54W가 810[lm]인 것에 비해, LED 전구 LDA 9D-H(9.2W)가 825[lm]으로 광속적으로는 동등한 밝기이다.
램프효율[lm/W]을 비교하면 실리카전구가 15.0[lm/W]인데 비해 LED 전구는 89.7[lm/W]로 높아 에너지도 절약된다.

● 전기료 비교에서도 40,000시간 사용 시 비교에서는 약 48만 원과 약 8만 원이 되어 전구 한 개 당 약 40만 원이 절약된다.
정격수명은 실리카전구가 1,000시간인 것에 비해 LED 전구가 40,000시간으로, 비교되지 않을 정도로 긴 수명을 가지고 있다.

19 LED 전구로 교환 가능한 전구

■ 교환 가능한 전구

실리카전구

실리카 입자를 밸브의 내면에 정전 도장한 전구이다. 클리어전구 등과 비교해서 눈부심이 적고 부드러운 빛을 얻을 수 있기 때문에 주택, 점포, 호텔 등의 폭넓은 분야에서 사용할 수 있다.

미니클립톤전구

아르곤보다도 열전도율이 낮은 클립톤의 봉입으로 긴 수명을 실현한 전구이다. 외경의 콤팩트화에 의해 스포트라이트, 다운라이트, 샹들리에, 스탠드, 브라켓 등으로 폭넓게 사용할 수 있다.

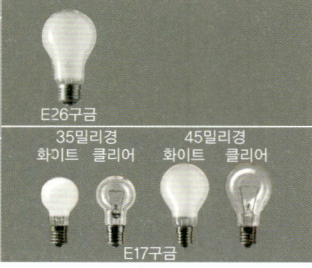

E26구금

35밀리경 화이트 클리어   45밀리경 화이트 클리어

E17구금

■ 확인이 필요한 전구

• 모양(들어가지 않음)
• 빛나는 법

레후전구(실내용)

밸브 내면에 알루미늄을 진공증착하고, 반사경으로 한 전구이다. 빛의 투과·확산성이 우수한 실리카 입자를 밸브 내면에 정전 도장한 화이트 유리로 만들어, 점포나 주택의 스포트라이트, 다운라이트 등 폭넓은 분야에 사용할 수 있다.

볼전구

심플한 구형의 밸브 모양이기 때문에 주택, 점포, 호텔 등의 무드조명, 장식조명 등에 폭넓게 사용할 수 있다. 밸브의 크기도 직경 50mm·70mm·95mm가 있다. 유리로 만든 「화이트」는 부드러운 무드, 「클리어」는 반짝반짝한 무드를 만든다.

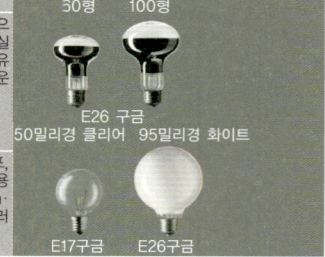

50형   100형

E26 구금
50밀리경 클리어   95밀리경 화이트

E17구금   E26구금

어떤 전구라도 LED 전구로 대체할 수 있는 것은 아니므로 주의가 필요하다.

우선 교환 가능한 전구 타입으로는 실리카전구와 미니클립톤전구가 있다.

확인이 필요하게 되는 전구로는 레후전구, 볼전구를 들 수 있다.

레후전구는 그 자체에 반사경을 갖춘 전구이므로, 빛을 내는 방법이 다르다는 것과 형태적으로 들어가지 않는 경우가 있다.

볼전구도 모양이 볼 형태를 하고 있으므로 모양의 차이와 빛을 내는 방법이 다르고, 같은 사이즈의 LED 전구는 만들어지지 않고 있다.

단지 구금 베이스는 합쳐져 있어도 기구 안에 들어가지 않을 경우도 생기므로, 주의가 필요하다.

20 LED 전구의 「기호」를 보는 법

■ LED 전구·LED 소환 전구 정격표의 예

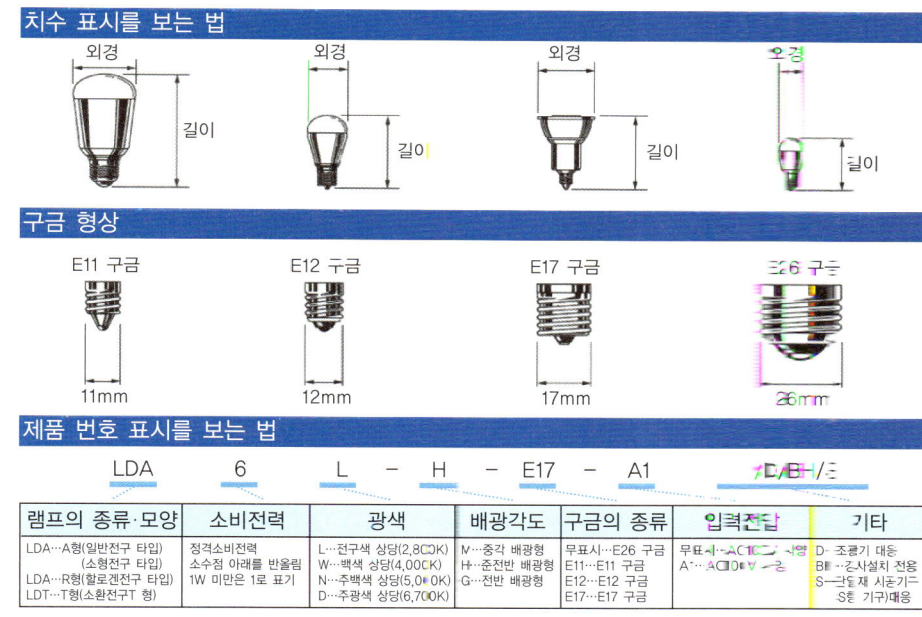

치수 표시를 보는 법

외경 / 길이 / 외경 / 길이 / 외경 / 길이 / 외경 / 길이

구금 형상

E11 구금 — 11mm
E12 구금 — 12mm
E17 구금 — 17mm
E26 구금 — 26mm

제품 번호 표시를 보는 법

LDA — 6 — L — H — E17 — A1 — D/BH/S

램프의 종류·모양	소비전력	광색	배광각도	구금의 종류	입력전압	기타
LDA…A형(일반전구 타입) (소형전구 타입) LDA…R형(할로겐전구 타입) LDT…T형(소환전구 T형)	정격소비전력 소수점 아래를 반올림 1W 미만은 1로 표기	L…전구색 상당(2,800K) W…백색 상당(4,000K) N…주백색 상당(5,000K) D…주광색 상당(6,700K)	M…중각 배광형 H…준전반 배광형 G…전반 배광형	무표시…E26 구금 E11…E11 구금 E12…E12 구금 E17…E17 구금	무표시…AC100V 사양 A1…AC100V 사양	D…조광기 대응 BH…조사설치·전용 S…단독재 시공기기 S형 기구)대응

◉ **치수를 보는 법**
외경과 길이를 확인한다. 구금 형태 때문에 기구에 들어가지 않기도 한다.

◉ **구금 형상**
구금에도 여러 가지 사이즈가 있다. E26, E17, E12, E11 등

◉ **제품 번호 표시를 보는 법**
품번을 붙이는 대표적인 방법을 표에 정리하고 있다.
LDA 6L-H-E 17-A 1/D/BH/S
광색 L, W, N, D의 차이에 의해서 광속값이 변하고, 밝기에도 영향을 준다.

◉ **정격표의 범례**
정격수명은 전광속(밝기)이 초기의 70%가 되는 시간이다. 평균값이며 보증값은 아니다. 조명기구, 광원(램프)의 정격값 측정에는 정밀한 광학 측정 장치와 노하우가 필요하며, 국내 조명 산업계는 오랜 기술 축적으로 높은 신뢰를 얻게 되었다.

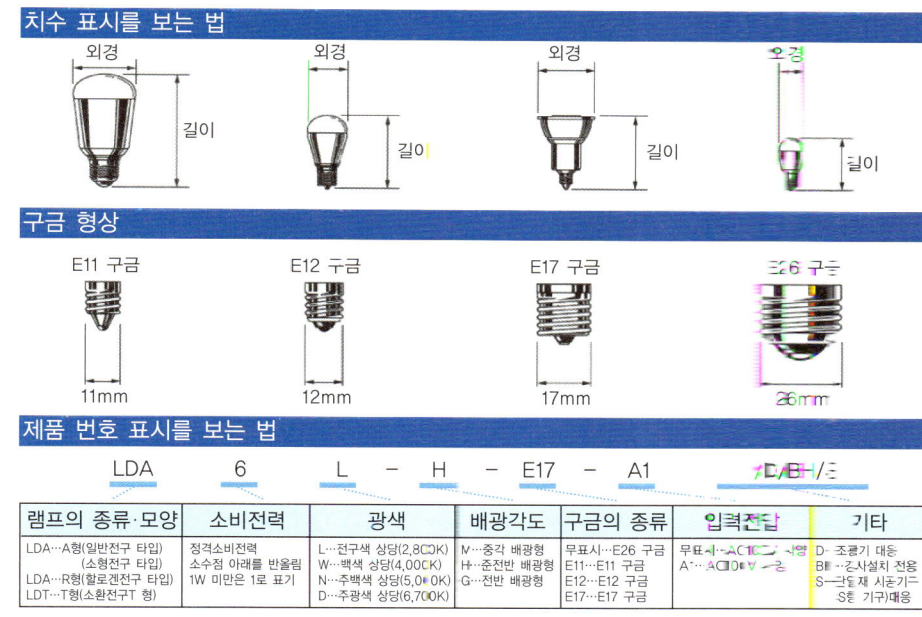
제3편 진화하는 조명용 광원—백열등에서 LED 조명까지—

LED 전구의 선택법

■ 바른 선택법 「4가지 포인트」

1. 밝기는 루멘[lm]으로 선택한다

패키지 측면에도
밝기의 기준이 표시

2. 구금 사이즈를 선택한다

일반 전구 타입   소형 전구 타입

3. 빛의 색과 각도를 선택한다

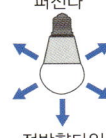 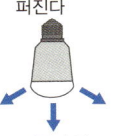

주광색 상당   전구색 상당
빛이 전방향으로   빛이 아랫방향으로
퍼진다   퍼진다

전방향타입   직하타입

4. 사용하는 기구를 체크

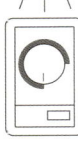

＊조광기 대응 이외의
  LED는 사용할 수
  없다.

🔴 **1. 밝기는 루멘[lm]으로 선택한다.**

LED 전구의 밝기 기준은 지금까지의 「W형 상당」에서 「광속루멘[lm]」으로 통일
되었다. 루멘[lm]은 방사되는 빛의 총량을 나타내고, 수치가 클수록 밝아진다.

🔴 **2. 구금 사이즈를 선택한다.**

구금 사이즈는 2종류. 연결 입구에 맞는 사이즈로 선택한다.

🔴 **3. 빛의 색과 각도를 선택한다.**

산뜻하게 느끼는 「주광색 상당」과, 안정된 분위기의 「전구색 상당」. 사용하는 용
도에 적합한 빛의 색을 선택한다.

또, LED 전구는 빛의 각도에 따라 리빙이나 다이닝 등 전체 밝기가 필요한 장소
에 추천하는 「전방향 타입」과 화장실·현관·복도·계단 등 주변의 밝기가 필요
한 장소에 알맞은 「하방향 타입」으로 나뉜다.

🔴 **4. 사용하는 기구를 체크한다.**

밀폐형 기구, 조광기 타입 등이 있으므로 주의한다.

22 LED 전구의 배광

전방향 타입

밝기가 전방향으로 퍼지므로
전구를 사용하는 다양한 기구에 최적
■ 빛의 확산법(배광)

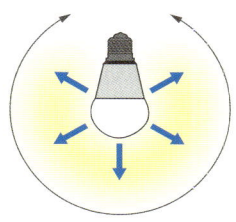

약 300도

■ 일반 전구 타입(E26)
• 상품명 : LED 전구(E26) (전방향 타입)
• 제품번호 : LDA7L-G · LDA7D-G
• 색온도 : 2800K/6700K(백색 상당)
• 정격수명 : 40,000시간

하방향 타입

밝기가 아래 방향에 코어드로
스포트라이트나 다운라이트에 최적
■ 빛의 확산법(배광)

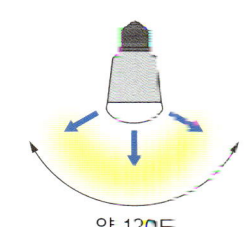

약 120도

【전방향 타입】

 LED 전구라고 해도 배광, 즉 빛의 확산법에 의해서 2가지 종류가 있다.
전방향 타입은 문자 그대로 전방향(약 360°)으로 퍼지는 타입이지만 하방향 타입은 배광이 아래 쪽으로 약 120° 퍼지는 것이다.

어떤 것을 선택하는가를 결정하기 전 각각 설치 장소도 생각해 보아야 한다. 전방향 타입은 리빙, 다이닝 등 전체 밝기가 필요한 장소의 펜던트, 샹들리에, 다운라이트, 실링라이트 등에 최적이다. 한편, 하방향 타입은 배광이 아래 쪽에 집중되는 타입이므로, 화장실·현관·복도·계단 등의 다운라이트 스포트라이트 등에 최적이다.

23 전구형 LED 램프의 배광 비교

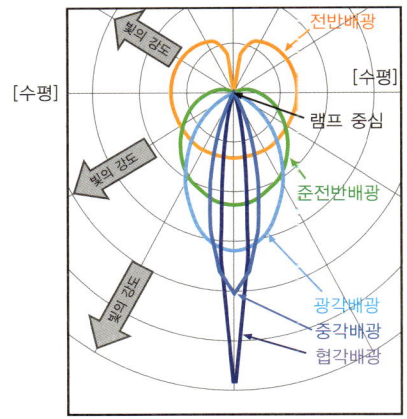

■ 전반배광형
구금 위쪽 연직 점등 시 아래쪽 광도의
1/2 범위가 180도 이상

■ 준전반바광형
구금 위쪽 연직 점등 시 아래쪽 광도의
1/2 범위가 90도 이상 180도 미만

■ 협각배광형
■ 중각배광형
■ 광각배광형

 전구형 LED 램프에는 다양한 배광이 있는 것을 눈치 채셨는지요?

지금까지 실리카전구의 백열등은 일반적으로 전반배광형이었다. 어떻게 설치하든 대체로 빛의 확산은 경험을 통해 상상할 수 있다. 바닥면, 벽면, 천장면에 빛이 닿는 방식도 알며, 기구 글로브에 넣은 경우에도 그 기구에 의한 빛의 확산에서 원화감 등은 없다.

거기에 최신 에너지 절약 지향의 대체 램프로서 LED 전구 타입을 사용할 때 배광 형식을 확인해 두지 않고 사용해 보면 빛의 확산 방법이 다르게 느껴지는 경우도 있다. 그 배광 형식은 협각배광, 중각배광, 준전반배광, 광각배광, 전반배광까지 분류할 수 있다. 아래쪽 광도의 1/2의 범위가 어느 각도까지 넓혀가고 있는가로 결정하며, 5˚ 미만, 15˚ 미만, 30~90˚, 90~180˚, 180˚ 이상으로 구분한다.

LED 소자의 빛은 직진성이 있어 광학 특성상 빛을 크게 확산시키려면 높은 수준의 기술이 요구된다.

24 LED 전구의 종류(1) 클리어전구/볼전구 타입

■ 클리어전구 타입(E26 구금) 4.4W

노스텔직한 빛을 연출한 클리어전구 타입

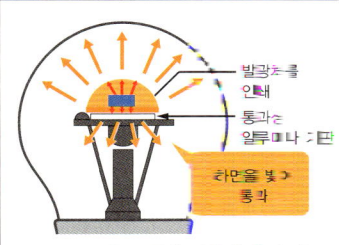

발광체를 인쇄

통과하는 알루미나 기판

하면을 빛이 통과

LED 모듈을 공중에 띄워서 다시 기판을 투명하게 한 것으로 빛이 전방향만이 아니라 아랫방향으로도 향~

■ 볼전구 타입(E26 구금) 8.8W

■ LED 전구(E26 구금)
볼전구 타입 8.8W
　　　　　　LDG9L-G　LDG9D-G

특징
1 볼전구 60W형 상당의 밝기를 실현
(LDG9D-G)
2 빛의 확산(배광각 약 210도
3 높은 연색성 Ra 80을 실현(LDG9L-G)

25 LED 전구의 종류(2) 미니레후전구/할로겐전구 타입

■ 미니레후전구 타입(E17 구금) 6.0W

■ LED 전구(E17 구금)
  미니레후전구 타입 6.0W
    LDR6L-W-E17   LDR6D-W-E17
      (전구색 상당)   (주광색 상당)

특징

1 │ 소비전력 6.0W로
  │ 미니레후전구 40W형 상당의 밝기
2 │ 미니레후전구와 동등 사이즈

3 │ 약 40,000시간의 긴 수명

■ 할로겐전구 타입 4.2W

■ LED 전구(E11 구금)
  할로겐전구 타입 4.2W
    LDR4L-M-E11   LDR4W-M-E11
      (전구색 상당)   (백색 상당)

특징

1 │ 소비전력 4.2W로 할로겐 전구
  │ 다이크로빔 40W 상당의 밝기
2 │ 약 25,000시간의 긴 수명

3 │ 할로겐전구 다이크로빔과 같은 사이즈로
  │ 무게도 경량

■ 사이즈·질량 비교

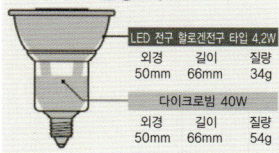

LED 전구 할로겐전구 타입 4.2W

외경	길이	질량
50mm	66mm	34g

다이크로빔 40W

외경	길이	질량
50mm	66mm	54g

시설분야의 LED 조명

JIS : 조도기준도 양에서 질로

■ JIS의 조도기준이 개정되어, 양에서 질도 배려한 규격으로

JIS Z 9110   조도기준(1979 : 소화 54년)

부위별 추장조도

JIS Z 9110 조명기준총칙(2010.2.20)

양과 질의 양면

양	질			
고령화를 고려한 추장조도	균제(균형)도	글레어 규제 (UGR OA 대응)	광색 (색온도)	연색성 (Ra)

○ 조명의 밝기는 JIS의 조도기준 JIS Z 9110(1979년)에 제정되어 있다.
실내, 실외, 도로, 터널, 스포츠 시설 등 시설별, 부위별로 추장조도가 정해진다.
이에 준거해서 조명 설계도 이루어지고 있다.

○ 2010년에 JIS Z 9110 조명기준총칙에 의해 조명의 양과 질의 양쪽 관점에서 새롭게 제정되었다.
고령자를 고려한 추장조도가 새롭게 결정되고, 질적인 면에서는 균제도, 글레어 규제, 광색(색온도), 연색성(Ra)의 특성도 더해졌다.

2 신 JIS의 조도기준총칙

■ JIS Z 9110과 신 JIS Z 9110의 비교(추장표의 형식)

JIS Z 9110(1979) 조도기준		영역, 작업	조도 [lx]	균제도 [U₀]	블랙 글레어 [UGR]	평균연상 평가 수[Ra]
조도 [lx]	장소					
2,000		설계, 제도	750	0.7	16	30
1,500	사무실 a 영업실, 설계실, 제도실, 현관홀					
1,000		키보드 조작, 계산	500	0.7	19	30
750						
500	사무실 b 임원실 회의실	사무실	750		19	30
300	집회실			단일값으로 규정		
200	폭으로 규정	회의실	500		19	30

시작업에 필요한 밝기를 확보하기 위한 「조도」의 확보는 사무실 조명에서 중요한 요소가 된다.

지금까지 알아본 밝기 확보의 조도뿐만 아니라, 조도 분포의 균제도 물체가 보이는 방법을 저하시키는 글레어 억제라는 관점에서 불쾌 글레어, 조도된 물체가 보이는 방법과 지표로서의 평균연색평가수가 새롭게 조명기준총칙에 더해졌다.

조명의 밝기라고 하는 "양"에서 조명의 "질"로 세상의 트렌드가 변하고 있는 것이다.

3 글레어를 없애서 쾌적한 조명으로

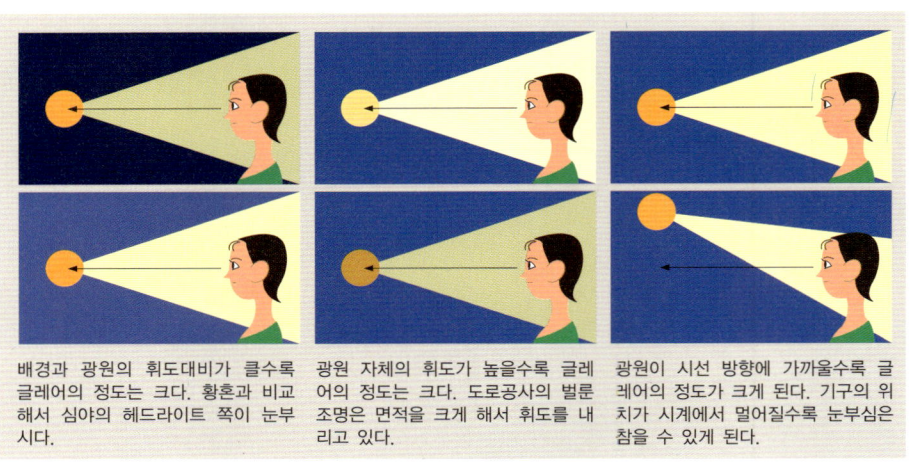

배경과 광원의 휘도대비가 클수록 글레어의 정도는 크다. 황혼과 비교해서 심야의 헤드라이트 쪽이 눈부시다.

광원 자체의 휘도가 높을수록 글레어의 정도는 크다. 도로공사의 벌룬 조명은 면적을 크게 해서 휘도를 내리고 있다.

광원이 시선 방향에 가까울수록 글레어의 정도가 크게 된다. 기구의 위치가 시계에서 멀어질수록 눈부심이 참을 수 있게 된다.

● 글레어는 눈부심으로, 글레어를 없애는 것이 쾌적한 조명으로의 첫걸음이 된다. 인간의 눈은 글레어에 약하여 자동차의 헤드라이트 글레어를 방지하기 위해서 중앙분리대에 차광판을 설치하거나, 드라이버가 감지하는 글레어를 방지하기 위해서 도로등의 배광제어를 하거나, 야구장의 조명탑 설치 위치나 높이를 결정하기도 한다.

● 〈불능 글레어〉 시야 내에 극단적인 고휘도의 빛이 들어갔을 때나 명암 콘트라스트가 너무 강했을 때 눈 속에서 빛이 산란하여 물체를 보기 어렵게 되는 상태로, 순응 불능 상태가 된다.

〈감능 글레어〉 불능 글레어 정도는 아니지만, 입사광이 눈 속에서 산란하여 물체를 보는 능력이 저하되고 있는 상태이다.

〈불쾌 글레어〉 눈의 기능 자체에는 영향이 없는 것으로, 눈부심에 의한 심리적인 불쾌감을 느끼는 상태이다.

● LED의 등장에 의해서 이 글레어 문제를 잘 해결하지 않으면 의외의 장면에서 불쾌하게 되거나 스트레스를 받을 수도 있으므로 충분한 버려가 필요하다.

글레어는 조명기구나 광원 그 자체의 휘도에 관계할 뿐만 아니라, 배경휘도나 눈의 순응 상태에 의해서도 느끼는 정도가 변한다.

4 고령자를 위한 빛

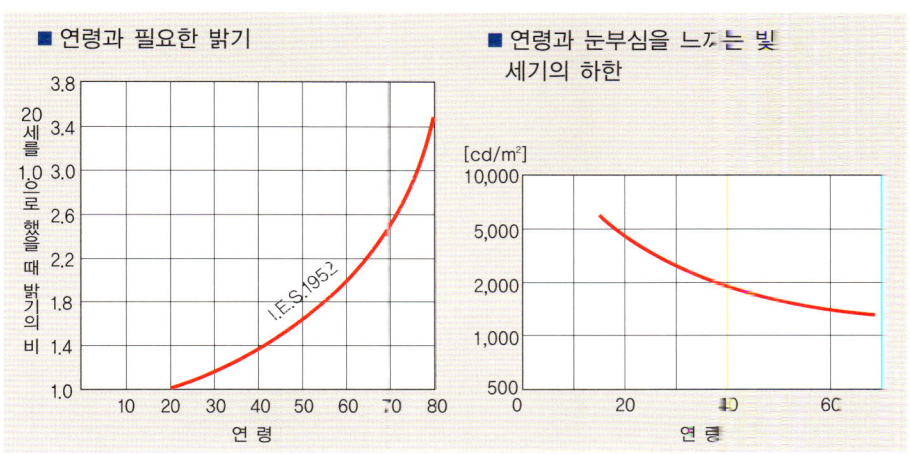

■ 연령과 필요한 밝기

I.E.S.1952

■ 연령과 눈부심을 느끼는 빛 세기의 하한

사회는 점점 고령화 추세이고, 라이프 스타일도 변화하고 있다. 고령에 되던 육체적인 노화와 함께 눈의 노화도 진행된다. 조명에 대한 사고방식이나 설계기법도 젊은 층과는 다르게 된다. 노인이 사는 주거 공간에는 특히 조명과 관련된 부분도 배려한 조명설계를 해서 즐거운 인생을 살 수 있도록 해드리고 싶은 것이다.

◉ 연령과 필요한 밝기(왼쪽 그림)

시력의 약화를 밝기만 조절해 커버하고자 할 때, 각각의 연령에 다른 밝기의 비율을 나타내고 있다. 20세를 기준으로 하여 연령이 높을수록 필요한 조도가 증가하고, 70세가 되면 2.6배의 조도를 필요로 한다.

◉ 연령과 눈부심을 느끼는 빛 세기의 하한(오른쪽 그림)

고령이 되면서 눈부심을 느끼기 쉽다. 눈부심을 느끼는 휘도는 연령과 함께 저하해 간다. 이와 같이 고령자를 위한 조명을 고려할 경우, 밝기는 증가시키고 눈부심을 억제하는, 일견 상반되는 요소를 배려할 필요가 있다.

실내도 글레어가 없이 부드러운 빛으로 보다 밝게 한다. 명암 순응력의 저하도 있으므로 극단적인 밝기의 변화를 없애고, 색의 식별력도 저하하므로 밝고 연색성이 좋은 램프를 이용하도록 한다.

5 최신 Hf 인버터 형광등

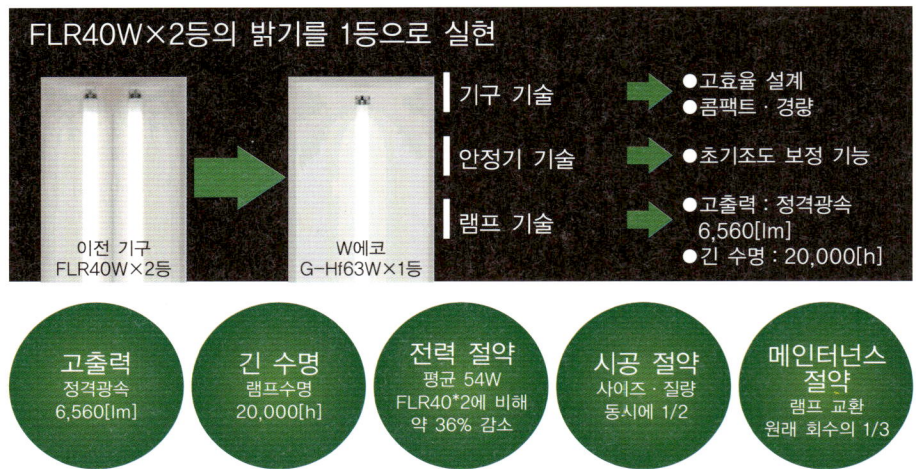

FLR40W×2등의 밝기를 1등으로 실현

이전 기구
FLR40W×2등

W에코
G-Hf63W×1등

기구 기술 → ●고효율 설계
●콤팩트 · 경량

안정기 기술 → ●초기조도 보정 기능

램프 기술 → ●고출력 : 정격광속
6,560[lm]
●긴 수명 : 20,000[h]

고출력
정격광속
6,560[lm]

긴 수명
램프수명
20,000[h]

전력 절약
평균 54W
FLR40*2에 비해
약 36% 감소

시공 절약
사이즈 · 질량
동시에 1/2

**메인터넌스
절약**
램프 교환
원래 회수의 1/3

최신 인버터 조명의 고효율화에는 우리의 시선을 끄는 면이 있다. 상품의 라인 업도 신설용품뿐 아니라 종래형의 기존 형광등의 리뉴얼로서 교환시킬 수 있도록 한 상품의 종류가 생기고 있다.

매입형의 사무실용 기구나 직부형의 공장용 기구도 선택할 수 있게 되어 있다. 모두 1등으로 FLR40W×2등 기구와 같은 밝기를 실현하였고, 긴 수명, 메인터 넌스 절약과 같은 특징이 있다.

기구의 설계 기술 부분에서는 콤팩트 및 경량을 지향, 고효율을 실현하고 있다. 안정기는 인버터 기술로 보다 더 큰 에너지 절약화를 도모하고 초기조도 보정 기능도 가지고 있다.

램프 기술에서는 고출력화에 의해 정격광속 6,560루멘까지 높아지고 있다. 게다가, 전극의 3중 코일이나 형광체 도포를 개량해서 수명 20,000시간을 달성 하고 있다.

에너지 절약을 실천하기 위해서 민간시설이나 공공시설에서 채택하여 사용하는 경우도 늘어나고 있어, 이른바 톱 러너 방식으로 조명 분야의 에너지 절약에 기 여하고 있다.

6 리뉴얼에 대응한 간단한 시공

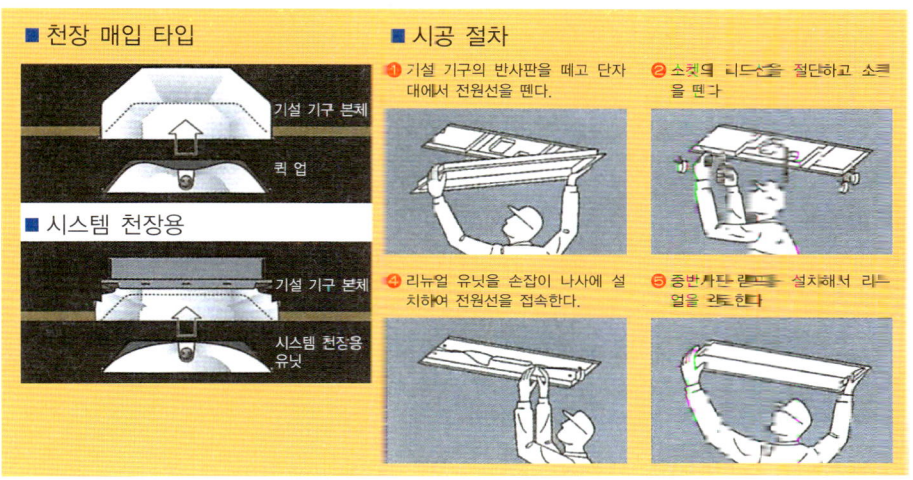

■ 천장 매입 타입
- 기설 기구 본체
- 퀵 업

■ 시스템 천장용
- 기설 기구 본체
- 시스템 천장용 유닛

■ 시공 절차
❶ 기설 기구의 반사판을 떼고 단자대에서 전원선을 뗀다.
❷ 소켓의 리드선을 절단하고 소켓을 뗀다.
❹ 리뉴얼 유닛을 손잡이 나사에 설치하여 전원선을 접속한다.
❺ 중반사판 램프를 설치해서 리뉴얼을 완료한다.

○ **고효율 Hf 인버터 조명기구**는 리뉴얼 교환이 용이하게 되어 있다. 지금까지 수십 년 사용된 FLR40W 2등용 래피드형 형광등 기구가 지금도 차두되어 설치되고 있는 상황이다.

○ 천장에 매입형으로 설치되어 있는 기구 본체를 활용해서 대대적인 천장 개수 공사를 하지 않아도 되도록, 본체 그 자체에 고효율 Hf 인버터 안정기를 붙인 반사판을 그대로 붙일 수 있는 구조로 되어 있다. 매다는 볼트 변경도 손이, 간단하게 리뉴얼할 수 있다.

원래는 콤팩트하고 슬림한 폭에 쓰일 수 있는 것이 기설 조명기구의 폭 330mm에 맞는 매입 길이가 되어 버렸다. 교체 공사라고 해도 인버터 안정기가 얇고 작기 때문에 그대로 반사판과 일체화된 유닛을 기설 기구 내에 설치만 하면 된다.

7 센서 내장 조명

■ 기구와 일체화한 센서 조립 기구

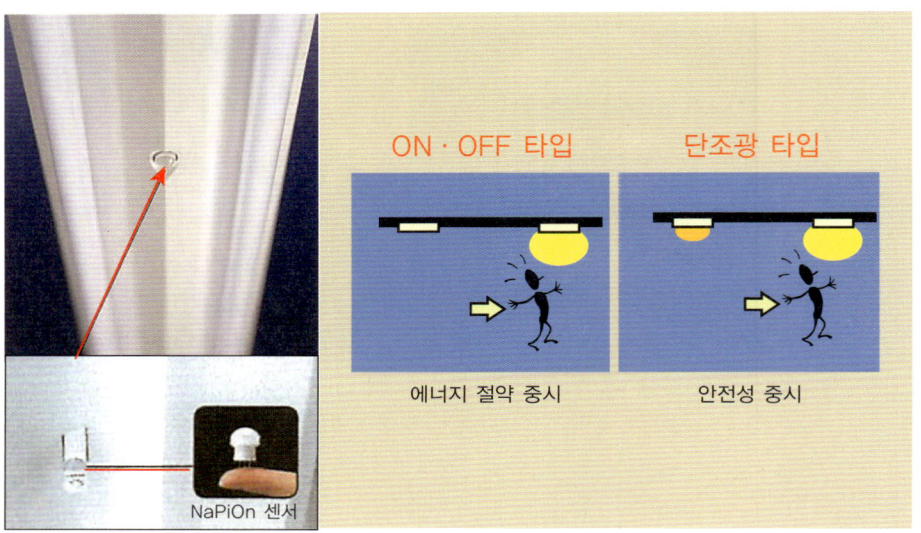

ON·OFF 타입	단조광 타입
에너지 절약 중시	안전성 중시

NaPiOn 센서

 한층 더 효율적인 에너지 절약을 위하여 센서를 이용한다.

최근 개발된 것으로, 기구 본체에 인감 센서를 조합한 조명기구가 등장하고 있다. 인감 센서와 조명기구를 별개로 준비해서 배치하는 지금까지의 방식과 비교해서, 제어를 위한 배선을 필요로 하지 않으므로 시공이 용이하다.

인체에서 나오는 적외선 파장을 감지해서 주위와의 온도차로 반응하는 센서이다. 콩알만한 작은 센서이므로 잘 보지 않으면 알 수 없다.

센서와 연동해서 점멸 동작하는 타입과 설정 조도까지 밝기를 줄이는 단조광 타입이 있다. 즉, 종래의 스위치 대신에 사용하는 ON·OFF 타입과, 조명을 오프할 수 없는 장소용 단조광 타입이 있다.

NaPiOn 센서(나피온 센서)라고 불리며, 여러 가지 분야에서 사용되어 사람이 다가가면 조명이 켜지거나 문이 열리기도 한다.

이것으로 사람이 체온에 상당하는 전자파(적외선)를 내고 있는 것을 실감할 수 있다.

8 조명의 에너지 절약 기법

인감 센서 이용　　　주광 센서 이용　　　초기드드 보정

인감 센서 이용 — 사람의 움직임을 감지 해서　에너지 절약　사람 센서

주광 센서 이용 — 주광을 감지해서　에너지 절약
바깥이 밝아지면 더 둡게 점등　바깥이 어두워지면 밝게 점등
밝기 센서

초기드드 보정 — 램프 교환 초기의 여분의 빛을 차단해서　에너지 절약
조도 보정이 없는 경우 / 설계 조도 조도 보정이 있는 경우 (타이머 셀트)
0h　12.00h　24.00h　▲램프 교환
거손 타이머

조명의 에너지 절약은 사용 램프 자체의 고효율화, 조명기구의 개스트 전력호를 통하여 추진되어 왔다. 그에 더해, 타이머 이용, 센서 이용, 인터터 기술 드립, 조명소프트 이론의 전개 등으로 에너지 절약화가 한층 더 진전되고 있다.

조명 분야에서도 일본의 에너지 절약 기술은 신상품 개발 때마다 철저히 하도록 하고 있다. 사람의 움직임을 감지해서 자동적으로 조명을 존등 딜 소등시키는 센서 이용도 그 하나이다.

또 밝기 센서를 이용해서 주간에 창가의 주광을 이용하는 방법이 최신 빌딩에서 사용되고 있다. 기구에서 책상 위의 밝기를 감지할 때, 예를 들면 700[lx] 설정의 경우 주광에서 300[lx]를 얻을 수 있다면 조명기구는 400[lx] 정도의 밝기로 점등한다. 이것도 인버터 조명에서 출력을 조정할 수 있는 기능과 센서 기술을 합친 시스템이다.

그 기능에 더해 인버터 조명 기술을 응용한 초기조도 보정 기능 조명도 있다. 보수율 70% 설정으로 조도 계산되어 있는 곳을 미리 70%에서 초기 존등해 두고, 수명 말기에 출력을 100%로 올려 가는 원리이다.

9 태스크·암비엔트 조명

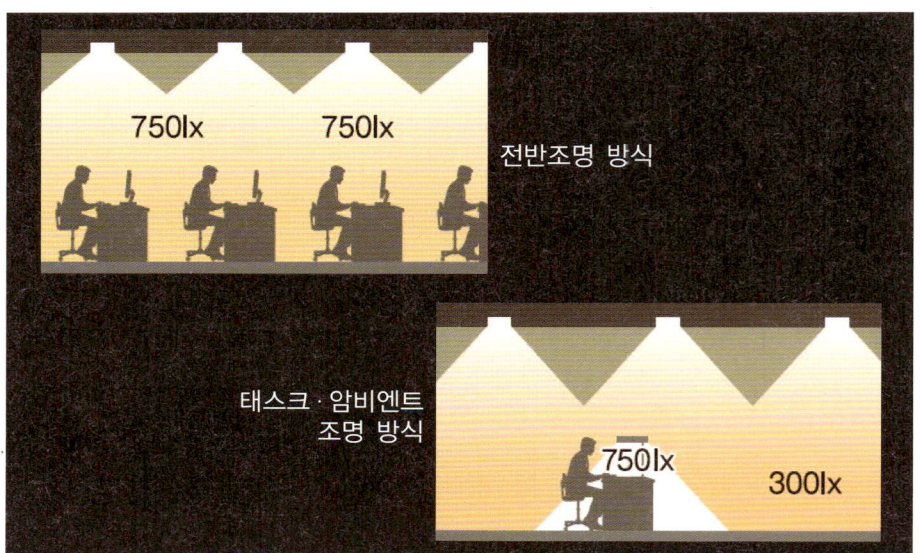

전반조명 방식

태스크·암비엔트
조명 방식

에너지 절약형 조명을 고안할 경우, 태스크·암비엔트 조명 방식이 재검토되고 있다. 이것은 새로운 조명 기법은 아니고, 1975년 경의 석유 파동 시대에도 제창되었지만, 경제가 상승세를 탔던 시대였던 탓인지 좀처럼 정착되지 못했고 사무실의 조도만 높이던 시대였다. 따라서 최근 에너지 절약 트렌드를 통해 리바이벌해 온 조명기법의 하나이다.

전반조명 방식처럼 750[lx]로 하기 보다는 전반조명을 300~500[lx]로 억제하고, 책상 주변에 국부조명을 더해서 750[lx]를 확보하자는 조명 방식이다.

작업 형태나 집무 시간대에 따라 소등하거나 조광하는 효율적인 조명이 가능한 것이 장점이다. 고령자와 젊은 층 모두, 설정 조도를 태스크 조명으로 조정할 수도 있다. 사무실의 개별 공간 단위로 점멸, 조광, 패턴 점등하는 조명제어시스템으로 레이아웃 변경에 대응하는 것도 가능하다.

10 조명기구의 수명

제 4 편

시설 분야의 LED 조명

■ 조명기구의 수명에 따른 적정 교환

조명기구의 평균 사용시간은 40,000시간.
1일 10시간을 기준으로 연간 3,000시간 점등할 경우 약 10년

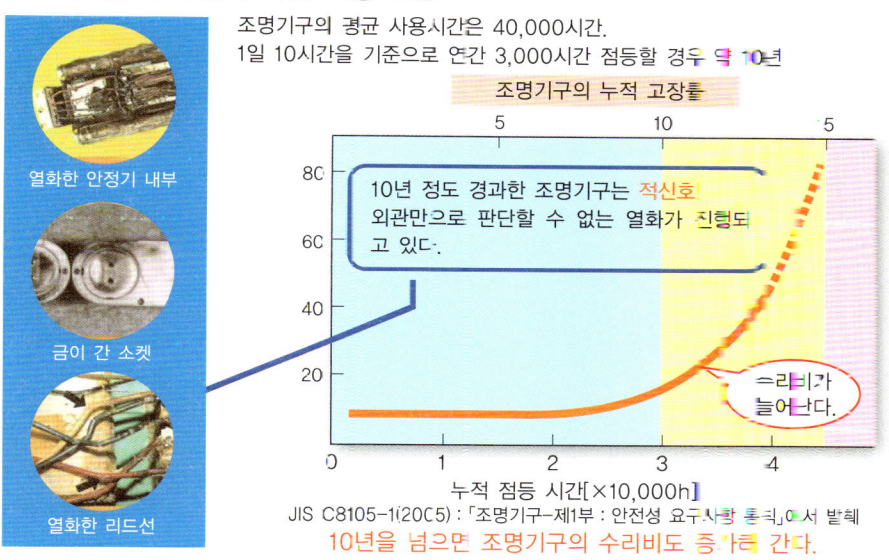

조명기구의 누적 고장률

10년 정도 경과한 조명기구는 적신호
외관만으로 판단할 수 없는 열화가 진행되고 있다.

수리비가
늘어난다.

누적 점등 시간[×10,000h]

열화한 안정기 내부

금이 간 소켓

열화한 리드선

JIS C8105-1(2005) : 「조명기구-제1부 : 안전성 요구사항 통칙」에서 발췌
10년을 넘으면 조명기구의 수리비도 증가해 간다.

○ 조명기구에도 수명이 있다.

램프는 각각 램프 수명에 따라 교환된다.

조명기구의 평균 사용시간은 안정기의 통전시간에 따라 대략 40,000시간이라고 한다. 1일 10시간 점등을 기준으로 하면, 연간 3,000시간 점등할 경우는 약 10년이 된다. 수명이 다하는 조명기구 부품으로는 안정기, 램프소켓, 단자대, 리드선 등이 있다.

○ 조명기구의 누적 고장률은 누적 점등시간에 비례해서 증가하고, 약 30,000시간을 지나면서 급격히 증가해 간다.

열화한 안정기 내부의 에나멜선이 레어쇼트를 일으켜서 내부 온도가 상승한다. 따라서 10년 정도 사용기간이 경과하면 조명기구를 점검해야 할 시기라고 말할 수 있다.

형광등 기구의 소비전력 추이

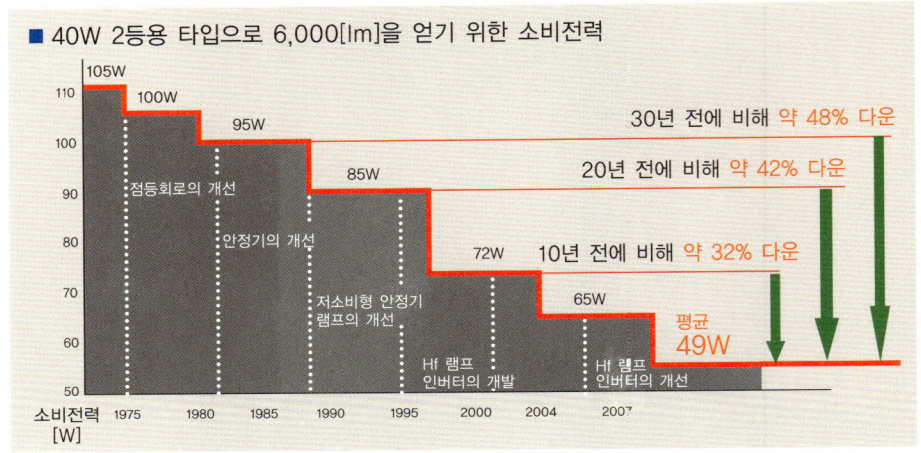

■ 40W 2등용 타입으로 6,000[lm]을 얻기 위한 소비전력

105W
100W
95W
점등회로의 개선
85W
안정기의 개선
72W
저소비형 안정기
램프의 개선
65W
Hf 램프
인버터의 개발
Hf 램프
인버터의 개선

30년 전에 비해 약 48% 다운
20년 전에 비해 약 42% 다운
10년 전에 비해 약 32% 다운
평균
49W

소비전력
[W]   1975   1980   1985   1990   1995   2000   2004   2007

● 형광등 기구의 소비전력 변화를 연대별로 나타낸 표이다.

지금까지 석유 파동에서 시작되어 다양한 시대적 상황을 반영하면서 조명업계는 늘 조명기구의 에너지 절약을 도모했음을 쉽게 알 수 있다.

일본 어디서라도 찾을 수 있는 사무실용 조명기구인 FLR40W×2등용의 밝기인 6,000[lm]을 얻기 위한 소비전력량이 시간이 흐르면서 어떻게 낮아지고 있는지를 알 수 있다.

● 점등회로의 개선, 안정기의 개선, 램프의 개선, Hf 인버터의 개발, Hf 인버터의 개선 등으로 대폭적인 에너지 절약화가 도모되고 있다.

자신의 사무실에서 어느 연대의 조명기구를 사용하고 있는지 확인해 보는 것도 재미있을 것이다.

10년이 경과한 가정의 냉장고를 신제품으로 교체하는 쪽이 좋겠다고 하는 주부의 선택처럼, 오래된 조명기구의 교체도 재검토해 보자.

12 세대와 더불어 변하는 형광등 이미지

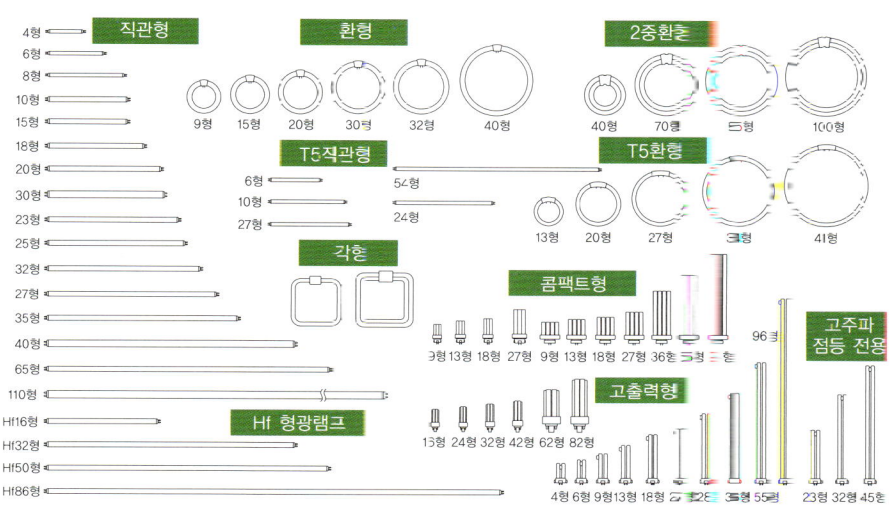

무엇을 말해도 반응이 한 박자 느린 사람을 "형광등 같은 사람"이라고 야유했던 시대가 있었다. 스위치를 넣어도 점등하기까지 몇 초 걸리고, '즐' 소리를 내다 겨우 확 번뜩이듯이 점등하기 때문이다. 최근에는 인버터 안정기의 개발에 의해 즉시 점등하며 소리도 없고 깜박임도 없어졌다.

센서와 연동해서 100%에서 40%로 감광점등할 수 있도록 출력도 자유롭게 설정 가능하게 되었다. 바로 인버터 기술이 가져온 조명 기술이라고 말할 수 있다. 효율이 향상되는 이유로 상용 주파수에서는 1초 사이에 점등 주파수(50Hz 또는 60Hz)의 2배의 점등소등(100회 또는 120회)을 반복하기 때문에 점등할 때마다 에너지 손실이 발생하기 때문이다. 조명용 인버터에서는 점등 주파수를 40~50kHz로 해서 효율 향상을 도모하고 있다.

인버터 기술에 의해 램프시동이 빠르며, 안정기의 전력손실이 적고 경량·소형화 되었으며, 빛의 깜박임이나 소음이 없어지면서 조광이 가능한 장점이 있다. 이제는 조명기구 제조업체의 카탈로그에서 FLR40W용 래피드 스타트식 형광등이 보이지 않게 되었다. "인버터 같은 사람"이라는 것은 스타트한 사람을 의미하게 되는 것일지도 모르겠다.

13 LED 조명에 필요한 품질

■ 수명이 길기 때문에 품질 역시 중요해진다.

「포인트가 되는 품질」

- 내뇌서지 성능…천둥의 피해로부터 LED 조명을 지킨다.
  천둥의 「유도 뇌」에 대한 내구성은 국제 기준보다 몇 단계 엄격하게 시험한다.
- 광속 유지 신뢰성…오래 사용하더라도 잘 어두워지지 않는다.
  가속 시험 후의 측정에서도 안정된 광속을 유지한다.
- 내수·내풍속 성능…폭풍우에도 잘 파손되지 않는다.
  JIS 규격에 준거한 내수 시험을 실시하여, 극한 사용 조건에도 견딘다.
- 방해파 대책 성능…TV, 라디오의 방해파 영향을 억제한다.
  전기용품안전법에 의거하는 노이즈 신뢰성을 통과한다.
- 성능 표시 신뢰성…광속값을 정확하게 측정하여 표시한다.
  일본조명기구공업회의 가이드에 준하여 측정, 표시하는 신뢰성

에너지 절약이나 절전 대책이 급선무가 되면서 조명기구에 대해서도 빨리 LED로 전환해야 한다든지, LED라면 무엇이라도 에너지 절약이 된다고 화제가 되고 있다. 오랜 세월 조명 분야에 종사한 사람으로서, 그 조명 특성을 잘 이해한 후, 현명한 선택을 해주었으면 하고 바랄 뿐이다. LED 조명의 선택과 이용에 맞는 「오래 사용하는 것이야말로, 고집하고 싶다」라는 생각이라 하겠다.

조명기구 제조업체는 오랜 세월 경험으로 「제품 만들기」의 노하우가 축적되어 있다. 신상품 기획을 할 때마다 기획서에는 신기술, 에너지 절약성, 품질 향상, 안전성 향상을 위한 독자적인 기술이나 품질 기술이 담겨 있어 각각의 신상품 발표가 이루어진다.

LED는 간단한 디바이스만으로 신규 참가나 이업종 참가, 또 해외 제조업체 참가를 유도하는 등 지금까지 없던 성황을 누리고 있다.

조명기구 분야에서 품질 포인트에 대해 확실한 인정을 받은 상품이 안전면에서도 뒤질 수 없다. 오랜 세월 동안의 상품 개발과 기술 개발이 LED 조명기구 개발에도 당연히 안정성을 향상시키고 있다.

14 직관형 LED 램프의 규격

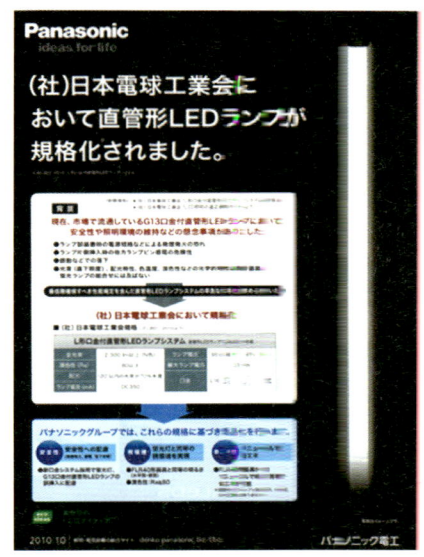

일본전구공업회 규격

L형 구금 직관형 LED 램프 시스템

(일반조명용)

JEL 801 : 2010

2010년 10월 8일 제정

사단법인 일본전구공업회

주택조명은 말할 것도 없이 시설조명의 주역이 되는 직관형 LED 램프에 대해서도 (일반사단법인) 일본전구공업회가 정한 업계의 통일기술규격으로서 「일본전구공업회 규격 : L형 구금 직관형 LED 램프 시스템(일반조명용)」이 생겼으므로, 간단하게 규격의 내용을 설명하겠다.

- 우선 램프의 전광속은 N색(5,000K 주백색)에서 2,300[lm] 이상. 이것은 FLR40W 상당의 설계조도를 이끌어 내는 최저한의 광속이다.

- 연색성은 Ra80 이상, 현재 LED 조명기구는 효율을 중시한 나머지 연색성을 배제시켜 버릴 가능성도 예상되기 때문에, 연색성도 규격화하고 있다.

- 배광은 120도 이내의 광속이 70% 미만이 되도록 규격화하고 있다. 이것은 조사각도를 좁혀 하면배광으로 하여 아래쪽 면만 밝게 하는 것이 아니라, 공간 전체를 밝게 할 수 있도록 배광에도 제한을 두고 있다. 역으로 말하면, 남은 30% 이상의 빛이 옆이나 위로도 가도록 한다는 것이다.

15 L형 구금 직관형 LED 램프

(사)일본전구공업회 규격 JEL 801 : 2010
L형 구금부 직관형 LED 램프 시스템

직관형 LED 램프(LDL40)의 사양

램프의 전광속	2,300[lm] 이상(N색)	램프전압	95[V](최대)~45[V](최소)
연색성(Ra)	80 이상	최대 램프전력	33.3[W]
배광	120° 이내의 광속이 70% 미만	구금	L16 
램프전류[mA]	DC350		

 램프전류는 350[mA]에 고정되어 있고, 전압은 45[V]에서 95[V]까지 범위가 있다. 이 범위는 LED가 아직 진화 중이고, 앞으로 효율이 더 좋은 LED를 탑재한 직관형 LED 램프가 발매됐을 때, 이 전원으로 점등 가능하도록, 또한 보다 에너지 절약이 잘 되도록 범위를 넓게 정한 것이다.

최대 램프전력은 (전류 350[mA]×최대전압 95[V])로 33.3[W]가 된다.

구금은 명칭에서도 알 수 있듯이 L형의 L16이 된다.

이것이 규격의 대략적인 내용이다.

따라서 개발중인 종래 제품에는 성능은 물론 구금에 따라 다양한 직관형 LED 램프가 있지만, 일본에서는 이 공업회 규격에 의한 램프가 표준이 된다.

16 직관형 LED 램프의 에너지 절약성

■ 형광등(FLR40형)과 비교해서 약 40% 에너지 절약

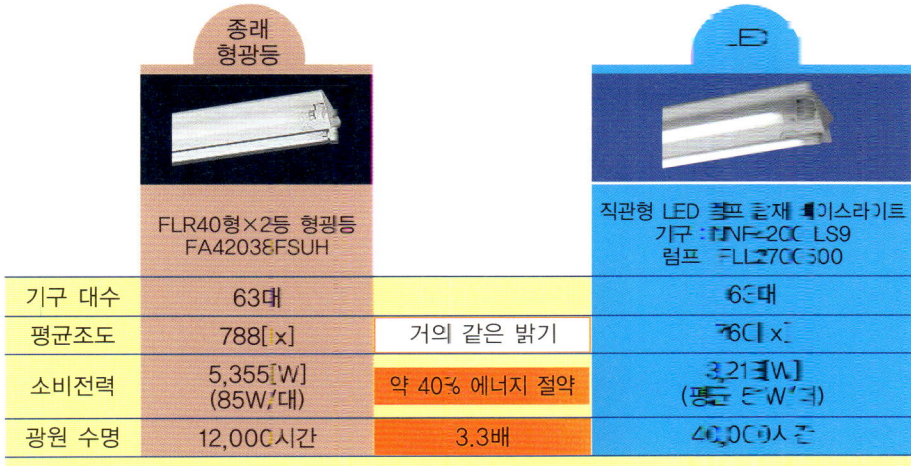

	종래 형광등 FLR40형×2등 형광등 FA42038FSUH		직관형 LED 램프 탑재 베이스라이트 기구 : NNF-200 LS9 램프 FLL2700500
기구 대수	63대		63대
평균조도	788[lx]	거의 같은 밝기	760[lx]
소비전력	5,355[W] (85W/대)	약 40% 에너지 절약	3,21[W] (평등 E W/대)
광원 수명	12,000시간	3.3배	40,000시간

※평균조도는 기구 고유의 배광 데이터를 기준으로 계산
※비교 조건 : 실공간 19.2m×12.8m×천장 높이 2.7m 반사율 : 천장 50%, 벽 50%, 바닥 10%

전력 감소량 약 2,142 <W /년]
연간 점등 시간 10,000시간

 지금부터 구체적인 직관형 LED 램프의 사양이나 경제성에 대해서 신규격에 준거한 상품인 파나소닉제 LED 램프를 예로 들어 소개하겠다.

거의 같은 광속의 종래의 형광등 FLR40W 조명기구와 직관형 LED 램프 탑재 베이스라이트를 비교해 보자.

거의 같은 밝기에서 소비전력은 약 40%가 절약되고, 수명은 약 3.3배 늘어나며, 조명기구 63대로 시험 계산을 하면 전력은 연간 2,142[kW] 절약이 가능하게 된다.

17 안전성을 중시한 직관형 LED 램프

■ 잘못된 삽입이나 낙하를 방지하는 신구금 시스템을 선택하여 사용

한쪽 급전 방식에 의한 램프 삽입·교환 시의 감전 방지
잘못된 삽입에 의한 가열·발화 방지

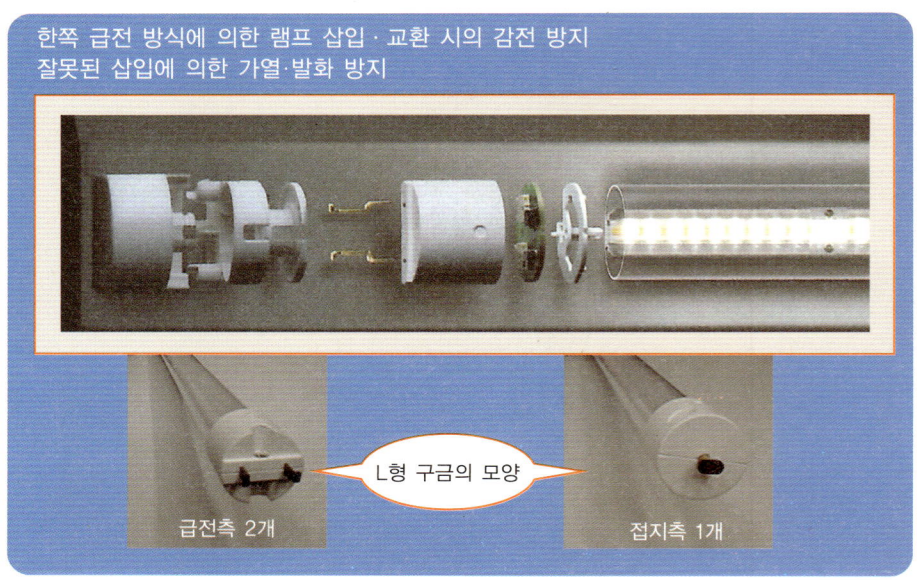

L형 구금의 모양

급전측 2개   접지측 1개

위의 그림에 나타낸 것이 공업회 규격의 L형 구금 직관형 램프 시스템의 구금 구조이다. 여기서 우선 배려한 것은 안전성이다.

규격에 준거해서 잘못된 삽입이나 낙하를 방지하기 위해 신구금 시스템(L16)이 채용되고 있다. 이와 관련된 전압은 100~242[V]의 프리볼트이다.

구금의 구조는 한쪽이 급전용 2개의 L자형 핀을 사용하고, 다른 한쪽은 낙하 방지구조와 어스의 역할을 담당하고 있다.

물론 기존 형광등의 조명기구 G13 구금과는 호환되지 않는다.

한쪽 급전 방식에 의한 감전 방지 구조로 되어 있고, 한쪽 장착 시 감전을 방지하기 위한 구조로 되어 있다.

낙하 방지 구조이지만, 램프는 소켓을 회전해서 장착한다.

소켓으로부터의 분리를 방지하기 위해 급전측은 L자형의 핀으로, 그리고 어스측은 타원형의 핀으로 되어 있다.

18 형광등과 같은 시환경을 실현

■ 반사판 설계와 고확산 기술에 의한 와이드 배광을 실현

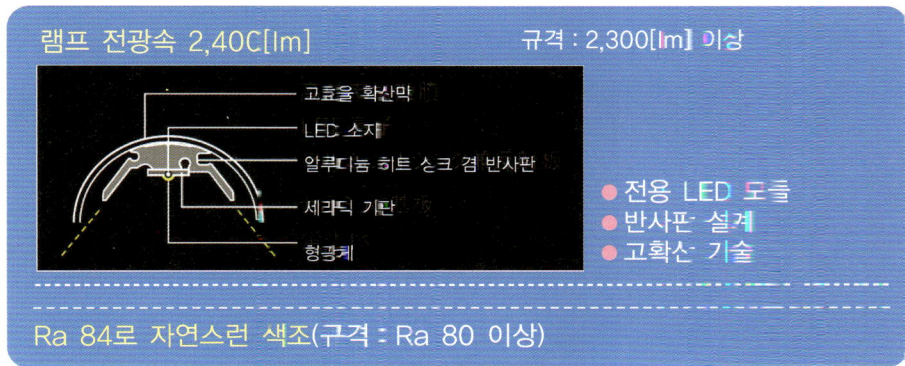

| 램프 전광속 2,400[lm] | | 규격 : 2,300[lm] 이상 |

- 고효율 확산막
- LED 소자
- 알루미늄 히트 싱크 겸 반사판
- 세라믹 기판
- 형광체

- 전용 LED 모듈
- 반사판 설계
- 고확산 기술

Ra 84로 자연스런 색조(규격 : Ra 80 이상)

○ 형광등과 같은 시환경을 실현하기 위한 광속은 2,400[lm]이다.

이러한 고광속을 실현하기 의해서 독자적인 반사판 설계, 알루미늄 히트 싱크를 겸한 반사판과 형광등 제조로 축적된 기술이 낳은 고효율 확산막을 이용한다. 연색성은 파록 형광등과 같은 Ra 84로 되어 있다.

이렇게 하여 공간을 자연적인 색조로 비추는 것이 가능하게 된다.

○ 눈으로 보기에 분산감이 없는 균일한 램프 빛이 된다.

균일한 빛을 실현하기 위해 색 얼룩이나 불균형을 줄이는 구즈르 효소 감박엄이 대해서도 Hf 인버터 형광등 같은 시환경이 되도록 전원회로가 설계되어 있다.

19 흩어짐이 없는 라인광

■ 흩어짐이 없는 균일한 라인광

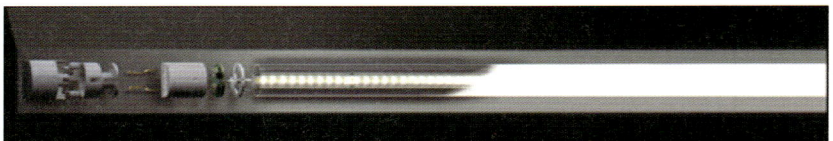

■ 투과성이 높고 열화가 적은 「유리관」을 선택하여 사용
■ 세라믹 기판 채용

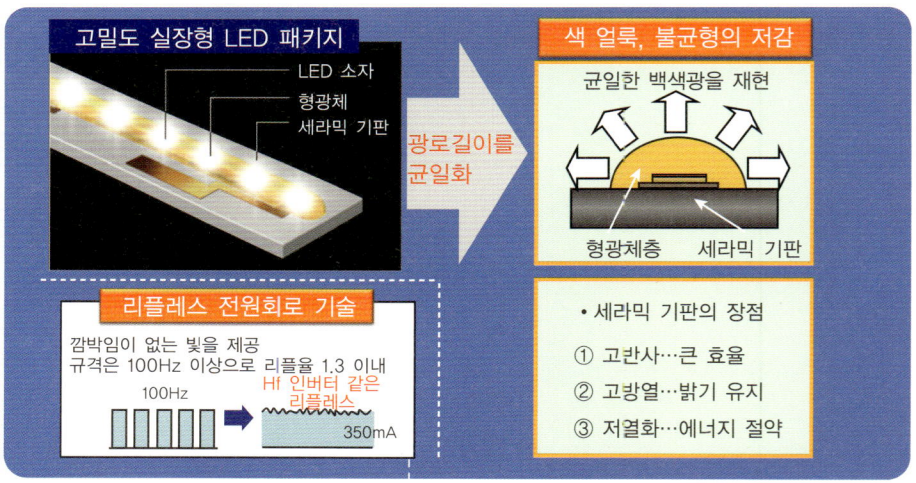

고밀도 실장형 LED 패키지

LED 소자
형광체
세라믹 기판

광로길이를
균일화

색 얼룩, 불균형의 저감

균일한 백색광을 재현

형광체층   세라믹 기판

리플레스 전원회로 기술

깜박임이 없는 빛을 제공
규격은 100Hz 이상으로 리플율 1.3 이내

100Hz

Hf 인버터 같은
리플레스

350mA

• 세라믹 기판의 장점

① 고반사…큰 효율

② 고방열…밝기 유지

③ 저결화…에너지 절약

🔴 균일한 라인광을 실현하기 위해서 색 얼룩이나 불균형을 줄이는 구조로 했기 때문에 눈으로 보기에 흩어짐이 없는 균일한 라인광이 된다.
깜박임에 대해서도 충분한 대책이 필요하게 되었고, Hf 인버터 형광등과 동일한 시환경을 실현하는 리플레스 전원회로 설계에도 최신 기술이 사용되고 있다.

🔴 세라믹 기판의 장점으로는 고반사로 효율을 높이고, 고방열로 밝기를 유지하고, 저열화에 따른 에너지 절약을 들 수 있다.

🔴 유리관을 사용함에 따라 시간이 지남에 따라 열화가 거의 없고 수지와 비교해도 내후성, 광속 유지율이 우수하다.

20 LED 조명도 전기용품안전법의 대상

■ 전기용품안전법 대상화의 움직임

2011년 7월 1일, 「전기용품안전법」시행령의 일부가 개정되어 「LED 램프」및
「LED 전등기구」가 새롭게 규제대상으로 추가되었다.

전기용품안전법시행령 제1즈 별표 제2
9. 광원 및 광원응용기계기구이고 다음으로 게재한 것
　(정격전압이 100V 이상 300V 이하 및 정격주파수가 50Hz 또는
　60Hz이고, 교류 전로에 사용하는 것에 한한다.)
(10) LED 램프
　　(정격소비전력이 1W 이상이고, 하나의 구금을 가지는 것에 한한다.)
(12) LED 전등기구
　　(정격소비전력이 1W 이상으로 제한하고 방폭형을 제거한다.)

※ 2012년 7월 1일 이후에 생산한 것에 대해서는 기술기준의 적합을 나타내는 「PSE」 마
크 표시가 의무적으로 시행된다.
※ LED 램프는 전구형 LED 램프가 대상이고, 직관형 LED 램프는 대상에 포함되지 않는
다. 단, 직관형 LED 램프를 사용한 조명기구는 LED 전등기구로서 대상이 된다.

● 전기용품안전법 시행령이 개정되어 「LED 램프」및 「LED 전등기구」가 새롭게
규제 대상으로 추가되었다.

시행 : 2012년 7월 1일

LED 전등기구는 법령/부령으로 정해진 기술기준에 적합하게 하여, 「PSE 마크」
를 표시하는 것이 의무화되고 있다. 직관형 LED 램프는 전기용품안전법에 적합
한 L형 구금시스템(G×16t-5)이 채택되어 사용되고 있다.

● 또한, 다음 기준이 새롭게 추가되고 있다.

(1) 깜박임 방지에 관한 기준

LED를 일반 조명용의 광원으로 사용할 때, 광출력은 깜박을 느끼지 않는
것일 것.

(2) 발연, 발화 방지에 관한 시험기준

광원으로 LED를 사용하는 것은 공용기간 중 발연, 발화 등 화재와 관련된 고
장을 일으키지 않도록 설계된 것들 것

21 배광의 차이와 밝기감

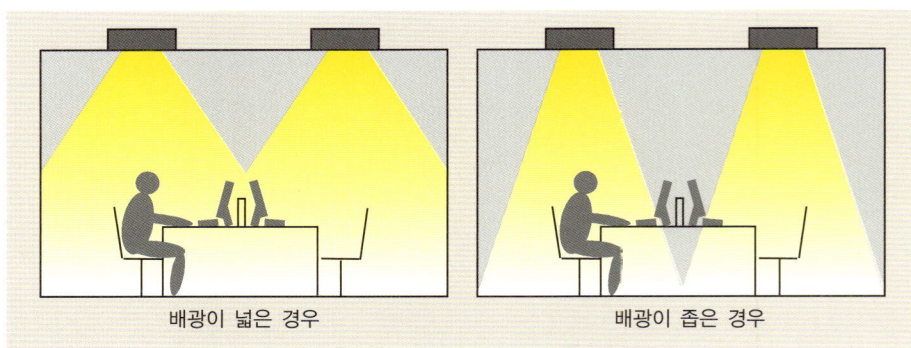

배광이 넓은 경우　　　　　　배광이 좁은 경우

높은 효율의 조도를 확보하려는 LED 업계의 추세에 따라 자연스럽게 배광이 좁은 제품이 많아지고 있다.

보통 LED 칩을 배열한 LED 조명기구는 일반적으로 직하조도가 나오기 마련이어서, 주변으로 빛의 퍼짐이 없게 된다. 그런 LED 조명을 사용한 경우 조명 주변에 조사되는 빛의 양이 적어지거나 벽면이 어둡게 되어 방 전체의 밝기감이 부족하게 될 가능성이 있다. 백열등도 형광등도 전반배광이므로 공간에 빛이 기구에 상관없이 조사되어 혼합된 상태가 된다. 사무실을 보행할 때도, 얼굴을 맞대고 볼 때도, 버티컬한 연직면 조도가 자연스럽게 확보되고 있는 것이다.

리뉴얼해서 배광이 좁은 타입(광각, 중각, 협각)을 사용하면, 연직면 조도가 부족하게 되어 방 전체가 암울한 분위기가 되거나 얼굴이 보이지 않게 되기도 한다. 그리고 모처럼 LED 기구로 바꾸었는데도 밝아져야 할 공간이 어둡게 되었다는 소리를 듣는데, 이렇게 배광도 조명의 중요한 요소가 되는 것이다. 직하조도를 무턱대고 장점화하고 있는 제조업체의 LED는 전광속과 배광 형식을 체크해 보면 좋다. 내친 김에 조명 전문가가 되어 광색(K), 연색성(Ra), 수명시간도 확인해 보면 좋을 것이다.

22 깜박임에도 배려

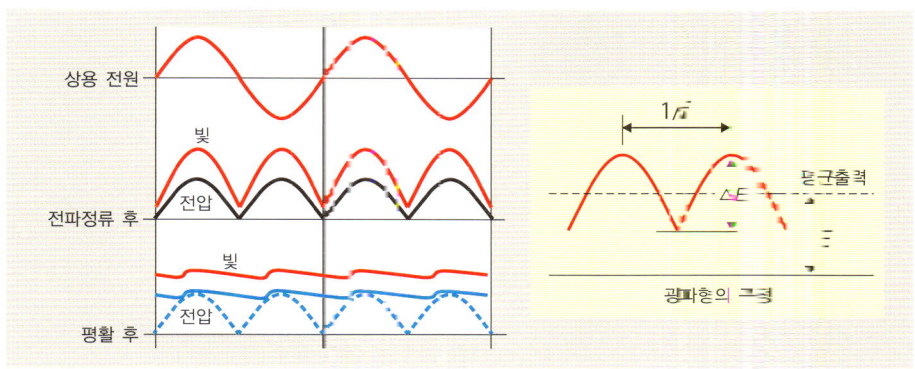

 LED는 직류점등이기 때문에 깜박임은 없다고 생각하기 쉽지만, 실치로는 전원의 회로 방식에 의해서 광파형은 시간에 따라 변동하므로 깜박임을 느끼는 경우가 있다.

인간의 눈은 빛의 주파수 10[Hz] 전후에서 가장 깜박임을 잘 느끼고 50[Hz] 이상이 되면 거의 느끼지 않게 된다.

전파정류된 후 광파형은 전원 주파수의 2배(100[Hz] 또는 120[Hz])가 되므로 직접 깜박임을 느끼는 경우는 거의 없지만, 맥류가 크면 고속으로 이동하거나 회전하는 것을 봤을 때 깜박임을 느끼는 경우가 있다.

평활회로를 통과시키면 맥류가 억제되므로 거의 깜박임을 느끼지 않게 된다.

깜박임을 방지하기 위해서는 점등주파수 f나 맥류율($\Delta E/\bar{E}$) 등의 최종값을 규정할 필요가 있어, 이번에 전기용품안전법 시행령이 개정되었고, 깜박임 방지에 관한 기준도 추가되었다.

23 LED의 멀티칩화

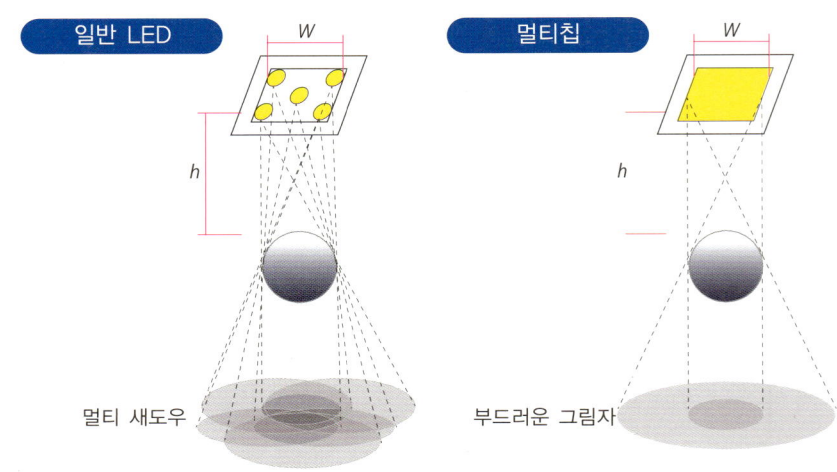

일반 LED   W

멀티칩   W

h

h

멀티 새도우

부드러운 그림자

일반 LED는 한 개의 LED 패키지에 1개의 LED 칩을 탑재한 구조로 되어 있다. 1개에 발광체와 함께 반사경 구조와 렌즈 기능을 갖게 해서 광출력 특성을 컨트롤 하고 있다. 이것들을 모은 집합체 구조로 한 개의 LED 조명기구가 완성되는 것이다.

다운라이트로의 경우 백열등에 상당하는 40형, 60형, 100형에 의해서 사용하는 LED 패키지의 수가 늘어난다. 각각 점광원의 발광체이므로 생기는 그림자는 그 수만큼 겹쳐서 보이게 되며, 이것이 불쾌한 그림자가 되어 부자연스러움을 느끼게 한다. 이러한 점을 개선하기 위해 LED 패키지를 보다 작은 소자로 해서 배치하고 있다. 마치 LED를 면과 같이 나란히 배치해서 형광체를 그 LED 전체에 도포한 것과 같은 구조를 하고 있다.

멀티칩 LED는 발광 부분을 면으로 함으로써 밝기 얼룩도 보다 평균화되고, 휘도도 면에 분산되어 억제되고 있다. 조명 효과로는 하나의 발광체가 되는 것이기 때문에 생기는 그림자도 깔끔하다. 부드럽고 자연스러운 그림자로 인해 멀티 새도우도 해소되고 있다.

최신 직관형 LED 램프의 발광부도 이처럼 멀티칩화함으로써, 그림자가 거의 흩어짐이 없게 되어 외관으로는 형광등과 구별하기 불가능하게 되었다.

24 칩 온 보드 방식 LED

칩 온 보드(COB) 방식

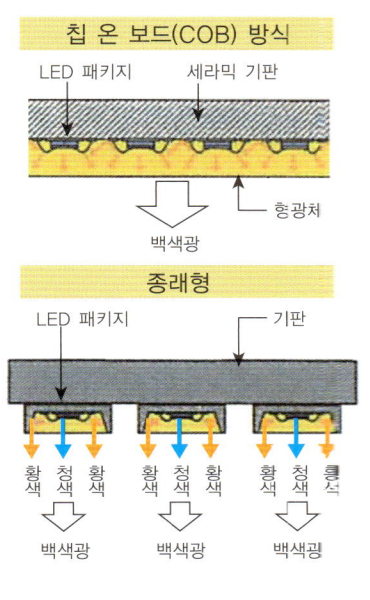

LED 패키지   세라믹 기판

형광체

백색광

종래형

LED 패키지   기판

황색 청색 황색   황색 청색 황색   황색 청색 청색

백색광   백색광   백색광

■ 원 코어(한알) 타입

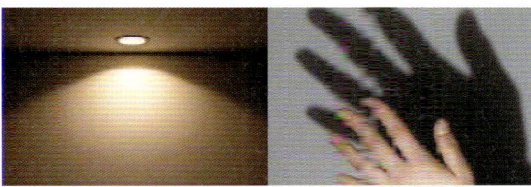

■ 종태(다립) LED

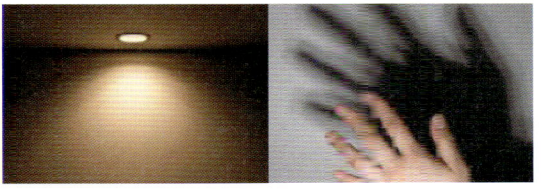

● 위의 사진은 그림자가 선명하게 나타나는 위치 까지, 기구를 가까이 옮겨가고 있다.

● 지금까지 LED 유닛은 형광체 안을 통하는 광로의 길이가 장소에 따라서 다르기 때문에 색의 얼룩이나 쿨균칠이 생기고 있었다. 또, LED 패키지를 분리해서 배치하기 때문에 흩어짐이나 눈부심을 유발하게 되었다.

● 최근 칩 온 보드(COB) 방식의 LED 유닛은 일체형의 형광체로, 광로의 길이를 균일화하여 얼룩이 없는 빛을 실현하고 있다.

복수 LED 칩을 일괄 밀봉한 LED 패키지로 되어 있기 때문에 형광체 전체가 발광하여 눈부심을 억제하고 있다.

원 코어 타입이어서 빛의 음영도 산뜻하고, 불쾌하게 번진 그림자가 없어지게 되었다.

이와 같이 빛의 질적 향상을 위해서 서밀한 부분까지 배려하고 있다.

● 조명에 의한 광해에 대해서 생각해 보자.

자주 관심을 끌어온 예로, 길거리에 있는 옥외 조명광이 주거 내로 강하게 들어옴에 따라 거주자의 시야 방해나 수면 장해를 일으키는 등 악영향을 미치는 점을 들 수 있다. CIE(국제조명위원회)에서는 거실의 창면의 경우 조도의 상한을 규정하고 있다. 창면조도는 극력을 낮게 하는 것이 바람직하고, 조명을 설치할 때 조명기구의 선정이나 조명기구의 설치 위치, 높이 등에 대해서 충분히 검토할 필요가 있다고 한다.

■ 광해의 사례
- 상업 시설의 네온사인이나 광고판이 눈부셔서 잠이 안 온다.
- 주차장 조명이 집 안까지 들어온다. 주차장에 출입하는 자동차의 헤드라이트가 신경 쓰인다.
- 방범등의 빛이 신경 쓰여 잠이 안 온다.

■ 광해 방지의 구체적인 대책
- 배광을 제어한다(차광루버 설치에 의해 창으로 들어오는 빛을 차단).
- 조명기구 W수를 줄여, 창면 방향의 광도를 줄인다.
- 배광제어된 LED 기구를 사용하여 불필요한 방향의 빛을 제어한다.
- 취침 시간에 맞춰 조명 출력을 관리한다(심야의 감등, 조광, 소등 등).
- 조명기구의 설치 위치와 방향을 고려한다(창 쪽의 설치를 피한다).

■ 새로운 주택용 태양광 패널에 의한 광해 사례

지금까지는 야간의 광해가 문제였지만, 주택용 태양광 발전 시스템의 보급에 의해 새로운 광해 사례도 나왔다. 건물의 지붕에 설치한 태양광 발전 패널의 반사광이 인접한 집의 창문으로 쏟아져 들어와 한도를 넘어선 눈부심을 일으킨 사례이다. 이것도 눈의 순응이나 글레어 규제의 관점에서 어디까지가 한도인지를 연구해 갈 필요가 있을 것 같다. 계절이나 기후, 시간대 등과 눈의 밝기감에 대해서도 생각해 봐야 하는 과제이다.

	영향을 받는 대상	영향이나 장해	관련 법규 등
인간 활동의 영향	거주자가 받는 영향	시야 방해, 수면 장해	CIE 가이드라인(창면에서의 조도기준) 광해대책 가이드라인
	보행자가 받는 영향	불쾌한 글레어	보행자를 위한 옥외 공공조명 기준(조명학회)
	운전자가 받는 영향	글레어에 의한 시인성 저하	도로조명시설 설치기준
	선박·항공기가 받는 영향	배의 운항 시 받는 장해 비행 시 받는 장해	항로표지법(등화의 제한) 항공법(유사 등화의 제한)
	천체 관측 시 받는 영향	천체 관측시 받는 장해	CIE 가이드라인(장해광의 제한) 광해대책 가이드라인
동식물의 영향	농작물이 받는 영향	농작물의 생육 장해 (출수 지연, 수확 감소) 낙엽수의 지연, 고목	광해대책 가이드라인
	야생 동식물이 받는 영향	곤충 유인 생태계에의 영향 가축에의 영향	자연공원법
	지구 환경에 미치는 영향	지구 온난화, CO_2 감소	에너지절약법 지구온난화 대책추진법
	거주자가 받는 영향	태양광 패널의 반사광 장해	

제 5 편

LED 조명의 응용 개발

1 주거 공간의 조명에도 LED화

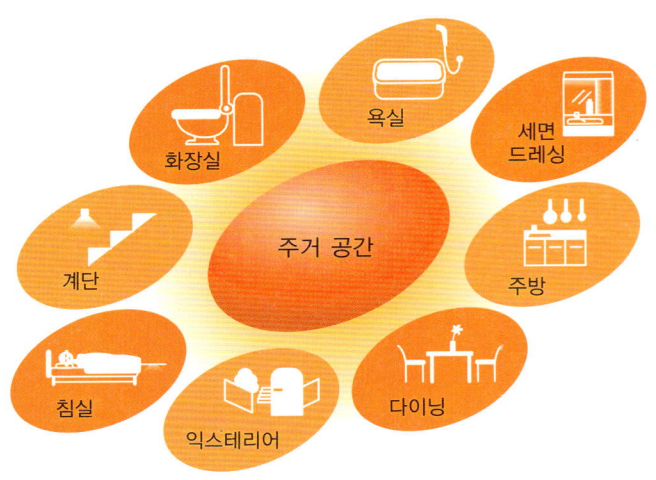

화장실　욕실　세면 드레싱　계단　주거 공간　주방　침실　익스테리어　다이닝

백열등이나 형광등이 주역이었던 주거 공간에도 LED화의 파도가 밀려오고 있다. 수십 루멘 정도였던 저광속 시대의 LED는 우선 복도나 계단 등의 보안등 용도로 사용되었고, 그 후 눈 깜짝할 사이에 광속의 발달과 함께 주조명으로서 주거 공간에도 사용하게 되었다.

침실의 베드라이트에는 독서를 위한 스포트라이트로서,

욕실에는 치유 공간 연출이나 테라피 효과를 겨냥한 광연출로서,

화장실에는 밤에 일어났을 때 헤매지 않도록 글레어를 배려한 광량으로서,

세면 드레싱에는 지금까지 조합하지 않았던 전면 양사이드에 조명을 배치할 수 있게 되었고,

주방 기구에는 스페이스 절약화를 살려 조합한 조명으로서,

다이닝에서는 조도 변화, 광색 변화, 장면 연출로서의 실링라이트로서,

익스테리어 조명에는 정원등에서 현관등까지 국부 스포트로서,

계단에는 층계가 확실히 보이도록 설치하게 되었다.

이처럼 LED의 등장에 의해 조명 기법과 조명 배치가 변화해 왔다. 단순히 양으로 결정되던 빛의 밝기에서 우수한 조명의 질을 향하여 한층 더 진화하고 있다.

2 주거 공간에서의 LED화의 예

■ 수납 가구와 조합

LED 다운라이트

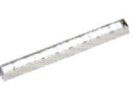

시스템 수납 가구

현관 수납 가구

■ 여러 가지 주택 설비와 조합

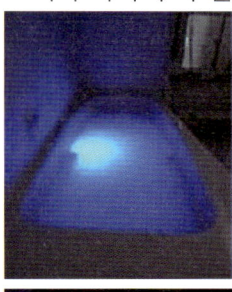

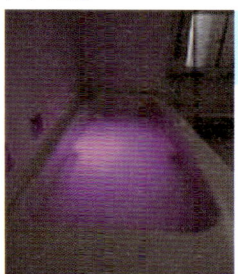

LED 조명으로 배스 유닛(car unit)에 치유 기능을 부가

환상적인 빛과 수면의 흔들림이
릴렉세이션 효과를 더 높인다

■ 세면 드레싱

● 얼굴에 그림자가 잘 생기지 않아 메이크업하기
쉽다.

■ 화장실

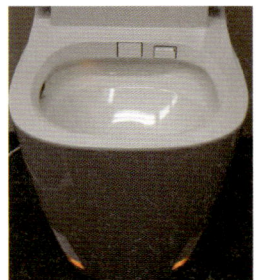

● 눈부심을 억제한 LED 조명이 변기의 안과 발밑에 설치되어
있다.

3 폭넓은 산업 분야에서의 LED화

산업 응용 분야

- 쾌면, 쾌유
- 엘리베이터
- 철도 차량
- 자동차
- 우주 공간
- 가전
- 식물 공장
- 농수산

조명 기술자는 건축 설비 조명만 컨설팅하는 것에 그치지 말고, 폭넓은 산업 분야에 오랜 세월 축적한 노하우를 구체적으로 구현하는 방법을 제안해 나가야 할 것이다.

LED의 등장에 의해 건축 설비의 일부분인 조명에서 폭넓은 산업 분야 전체로 조명 노하우의 활용이 확산되고 있다.

기구에 조명을 장착시킨다는 발상은 건축 조명 기법이나 조명 부재의 업계로 LED 사용이 확산되도록 하고 있다.

신칸센, 자동차, 엘리베이터 등의 교통수단을 시작으로, 자동판매기로부터 냉장고와 같은 가전 분야, 생산 기계인 공작 기계, 농수산 응용인 식물 공장, 쾌면이나 쾌유 조명인 생체 응용까지 활발하게 조명 기술을 응용하고 있다.

그 배경에는 새로운 광원의 등장이 있다. 광원으로 백열등, 형광등, HID 램프인 종래형 광원의 사용을 그치고, 무전극 램프, LED, 유기 EL인 점광원·면광원의 장점을 살리면 새로운 아이템이 나올 수 있다.

4 엘리베이터 조명의 변화

엘리베이터의 롱내조명

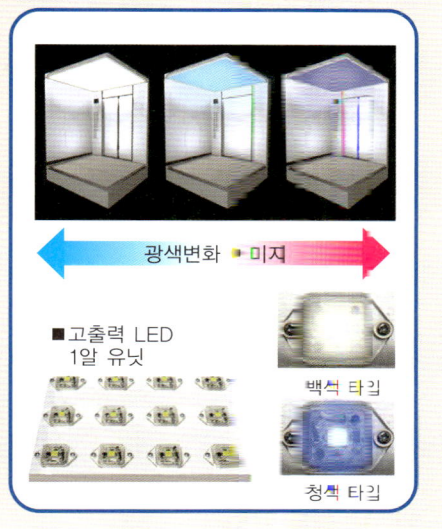

광색변화　미지

■고출력 LED
　1알 유닛

백색 타일

청색 타일

 작은 이동 수단인 엘리베이터에는 천장면에 롱내(바구니)조틀이 설치되어 있다. 구식 엘리베이터의 천장을 올려다 보면 글로우 점등식의 환틀 형광등이 그 면적에 맞게 여러 대 배치되어 있다. 엘리베이터의 롱내조명도 최근에는 인터화되어 깜박임이 없는 고효율 조명으르 바귀어 가고 있다. 경량틀, 저스음화라는 장점에 더해, 길어진 수명도 살켜 사용되고 있다.

그리고 최신의 신축 고층 빌딩어는 LED 조명을 사용하는 례도 늘어나고 있다. LED의 장점인 소형 콤팩트, 긴 수명, 조광 기능을 살려 **새로운 엘리베이터 조명으로 변신**하고 있다. 계절마다 광색을 바꾸거나 평일이나 후릴, 조도와 광색을 연동한 조명을 보다 구계적으로 연출할 수 있다.

5 신칸센의 조명

 천장의 전반조명, 그린차의 독서등, 세면부스 조명, 화장실 조명, 문 출입구의 조명, 통로조명까지, 신칸센의 타입에 따라 각각 연구되고 있다.

최근 N700계의 조명에도 최신 조명 기술이 점점 더 폭넓게 사용되고 있다. 우선 그린차로 향하는 통로조명이다. N700계까지는 그린차로 가려면 어두운 통로로 다녀야 했지만, 통로 바닥의 폭목(벽과 바닥에 설치된 부재)에 소형으로 콤팩트한 LED 라인조명을 설치했다.

그린차의 독서등은 백열등에서 LED 독서등으로 변하고 있다. 이렇게 하면 의자가 수명이 다되어 교환하기까지 램프를 교환할 필요가 없다. 또, 꺼져 있는지 어떤 지의 점검 작업도 불필요하다. 경량화, 에너지 절약, 메인터넌스 등 N700계 신칸센의 환경 대응에 조명도 협조하며 크게 공헌하고 있다고 말할 수 있다. 백열등은 인버터 형광등 다운라이트로 변하고, 조명 기술의 인버터화와 LED화가 빠르게 진행되고 있다. 다만 주행 상태에서의 환경시험이나 전원전압이 DC 100[V] 등을 비롯해 항상 기술 개발을 동반한다.

6 철도 신형 차량의 조명

메이테쓰 특급 뮤스카이(중부국제공항선) : 나고야철도

○ 나고야에서 센토레아 공항은 메이테쓰 나고야역에서 메이테쓰 뮤스카이 중부국제공항선)를 타면 30분 안에 쾌적하게 도착할 수 있다. 좌석 좌측에는 짐칸의 장식등이 설치되어 승하차를 보조하는 인디케이터 역할을 해 준다.

발차 전에 백색으로 점등한 LED 조명은, "곧 ○○역"이라는 안내 방송과 함께 백색 점멸이 되고, 종점인 중부국제공항역에 접근하면 백색에서 청색으로 변한다. 그리고 "곧 중부국제공항역"의 안내에 맞게 청색 점멸이 된다. 조명의 색 변화와 점멸로 정차역과 종착역을 알려주어 조명 기능과 안내 방송 기능이 잘 어우러진 조명 장치이다.

○ 신오사카에서 하카다행의 신칸센에 사일런트 차량이 있었다. 출장이나 긴 여행 중 조금이라도 장황한 차장의 안내 방송이 시끄럽다고 느끼는 승객들에게 인기가 있었다. 가끔 이 사일런트 차량에 탄 적이 있는데, 오카야마에서 내리는데도 마음이 조마조마했던 추억이 있다. 이 LED 아나운스 조명이 당시 있었다면 채택해서 사용했을지도 모른다.

7 자동차의 실내조명

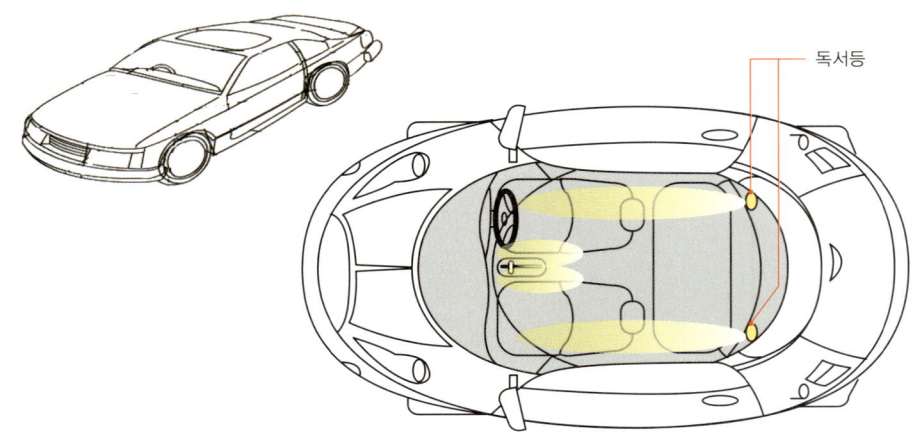

독서등

자동차에 쓰이는 조명의 개발에도 박차를 가해 빠르게 변화하고 있다. 자동차 제조 연도는 헤드라이트가 백열등, 할로겐전구, HID 램프인가 확인해 보면 알 수 있다. 정지등에는 적색 LED, 미러 삽입식 방향지시등에는 황색 LED가 사용된다. 자동차의 실내조명은 건축조명과 같은 조명 공간으로 생각했으면 한다. 이유는 정확하지 않지만, 대다수의 차 실내에는 한 가운데 1개의 조명이 붙어 있다. 문을 열면 점등하고 문을 닫으면 소등하는 것이 일반적이다.

조명 프로가 생각하는 차내 조명은 우선 조도와 연색성 향상이다. 그리고 문의 양 측면에 배치하면 조명의 다등화로 인해 시야가 큰 폭으로 넓어진다. 부드럽게 점등해서 부드럽게 꺼지는 점멸의 소프트화이다. 어둡게 되면 헤드라이트가 자동 점등하도록, 차내 조명도 시프트레버 부근을 노면과 같은 밝기로 비추고 있다. 드라이버의 눈이 노면 휘도에 순응하고 있으므로, 그 밝기로 콘솔 부근도 비추면 무언가 찾을 때도 암순응 시간이 없어 보다 안전하게 주행할 수 있다.

각 회사의 신차종에는 이러한 기능들이 장착된 자동차도 등장하기 시작한다. 게다가 앞으로 LED나 유기 EL의 등장에 의해 점멸만의 세계에서 광색, 조도의 자유도도 늘어나고 점점 변화되어 가리라고 생각한다.

8 에너지 절약 시대의 자동판매기

 자동판매기는 실내나 실외에 설치되어 주야를 불문하고 동전만 넣으면 구입할 수 있는 편리함 때문에 더 이상 없어서는 안 되는 것이 되었다

야간이 되면 야간조명이나 방범조명조차 필요 없을 정도로 주변을 밝게 비추고 있다. 자동판매기 1대에는 조명으로서 형광등 32W 3등이 채용되고 있고, 대체로 100W 상당의 조명부하를 갖는다. 최신 조명 소프트 기술이나 하드 기술을 활용해서 에너지 절약을 꾀하고 싶은 기기의 하나로 들 수 있다.

• 인감센서를 달아 사람이 다가왔을 대만 조명을 켜거나, 또는 설정된 레벨까지 밝기를 저하시키는 것이 가능하다.

• 주간의 주광에 따라서 저녁 즈음 점등시켜 이른 아침에 소등하는(조광 설정하는) 것도 가능하다.

• 인버터 안정기의 기능을 100%로 활용해서 인감센서 · 주광센서와의 연동도 가능하다.

LED 조명을 사용하면 조명을 여름에는 시원한 광색으로, 계울에는 따뜻한 광색으로 변화시킬 수도 있다. 물론 자동판매기가 수명이 다 되기까지 램프 교환은 불필요하고 메인터넌스 비용도 줄일 수 있다.

 냉장고 안의 조명은 지금까지 불그스름한 백열등을 떠올리게 했고, 뒷면의 안쪽에 배치되어 있었다. 문의 개폐에 맞게 즉시 점등하고 소형 및 작은 와트수로 공간 절약에 맞춘 조명이었다. 그렇지만 야채나 과일 등의 뒷면으로부터 조명해서, 꺼내려고 하는 사람에게는 그림자가 보이는 조명이었다. 모처럼 구입한 식재료를 예쁘게 보여 주는 라이팅 기법은 아니었다.

최근 **LED의 등장에 의해 조명 기법에서 본 냉장고 안의 조명도 생각해 보자.** 물론 조명은 전방 상단에서 조사하는 위치에 배치하고, 가능하면 양 측면에서 비추게 한다. 또, 광색을 청결감이 도는 백색으로 하면 연색성이 높아져서 야채밭이나 생선 판매장 조명의 느낌이 들 것이다.

상단, 중간, 하단으로 조명을 분산 배치하고, 광색을 바꾸는 방법도 있다.

또, LED 특성을 살려서 스포트 점멸로 장시간 문을 열어놓은 채로 있는 냉장고의 상태를 알려주기 위한 알람 조명이 있어도 좋지 않을까?

지금이야말로 **광출력, 광색 변화, 점멸 변화의 기능을 100% 활용**하면서 냉장고와 대화할 수 있다면 주부에도 즐거운 조명이 될 듯하다.

아침에 일어났을 때부터 밤에 자기 전까지 냉장고를 옆에서 떠나지 않는 대화 상대로 삼는 것을 목표로 했으면 한다.

10 조명 기술로 변해 가는 산업 분야

■ 건축설비 조명에서 모든 산업 분야의 조명으로

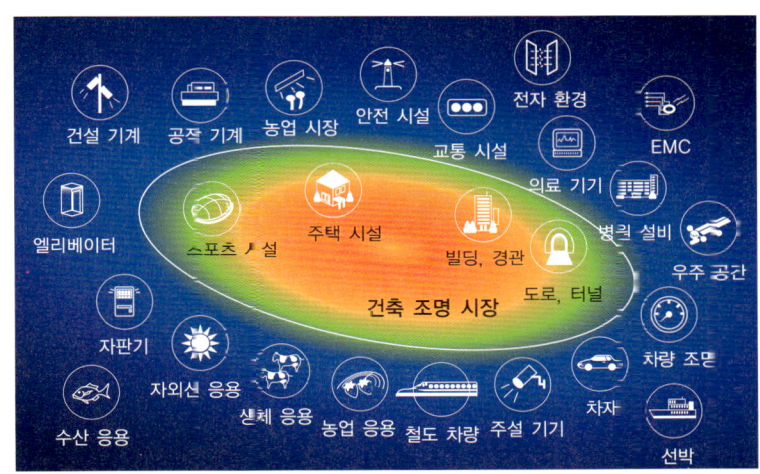

 주택, 점포, 사무실, 스포츠 시설, 도로·터널·교량, 경관라이트 개량, 광고판의 조명 노하우 등의 조명 코어 기술은 단지 건축 공간에만 사용되는 것이 아니다. 사람에 관한 분야라면, 모든 사물을 보는 법이나 밝기를 느끼는 법, 빛의 특성이나 생체 특성은 공통적인 점이 있다.

그 때문에 온갖 분야에서 조명에 관한 테마를 찾을 수 있다.

조명기술자는 관공서나 민간의 발주 시공주나, 건축 설계·설비 설계, 종합건설 회사나 하도급 업자, 판매·납입대리점 등과 같은 관련 업계를 대상으로 일상적인 컨설팅 활동을 하고, 조명 노하우를 제공해 왔다.

다만, 관련 업계 이외의 다른 업종에는 좀처럼 컨설팅과 같은 방식으로 방문 활동을 할 수 없었다.

여기에 정리한 건축 조명 시장이라는 소우주로부터 대우주에 이르기까지 온갖 산업 분야가 펼쳐지고 있다.

건축 조명 시장 이외의 업종에 종사하며 조명에 관심이 있는 분들에게 조금이라도 조명의 재미나 즐거움을 느끼게 해주고 싶은 것이다.

● 멧돼지 침입 방지 대책 조명 시스템

　최근에는 도시에서도 멧돼지가 출몰해서 화제가 되고 있지만, 산간 지역에서는 멧돼지에 의한 농작물의 피해가 늘어나고 있다. 조명에 대한 지식을 살려서 무엇인가 대책을 마련할 수 없는지, 현지에서 시스템을 검증한 사례를 소개하겠다. 이것도 광응용 농업 분야에 조명 기법을 활용하려는 시도이다. 짐승에 의한 피해를 줄이기 위해서, 예전에 목장 등에서 이용하는 전기 울타리(외부에서의 침입 또는 가축의 탈출을 방지한다)를 상상하는 분도 많을지 모르지만, 이를 대신하여 조명을 이용하는 시스템이다.

　이 시스템은 멧돼지의 접근을 센서로 감지해서 경보음이 울림과 함께 울타리로 둘러쳐진 "조명로프 라인"의 조명을 점멸 주행시키는 시스템으로, 멧돼지를 위협·격퇴함은 물론 자택에도 접근 정보를 알려주는 것이다.

(국제 멧돼지 포럼의 발표「멧돼지 침입방지 대책 조명시스템」, 센다이 가즈오·키노시타 토시유키, 2006년 보고에서)

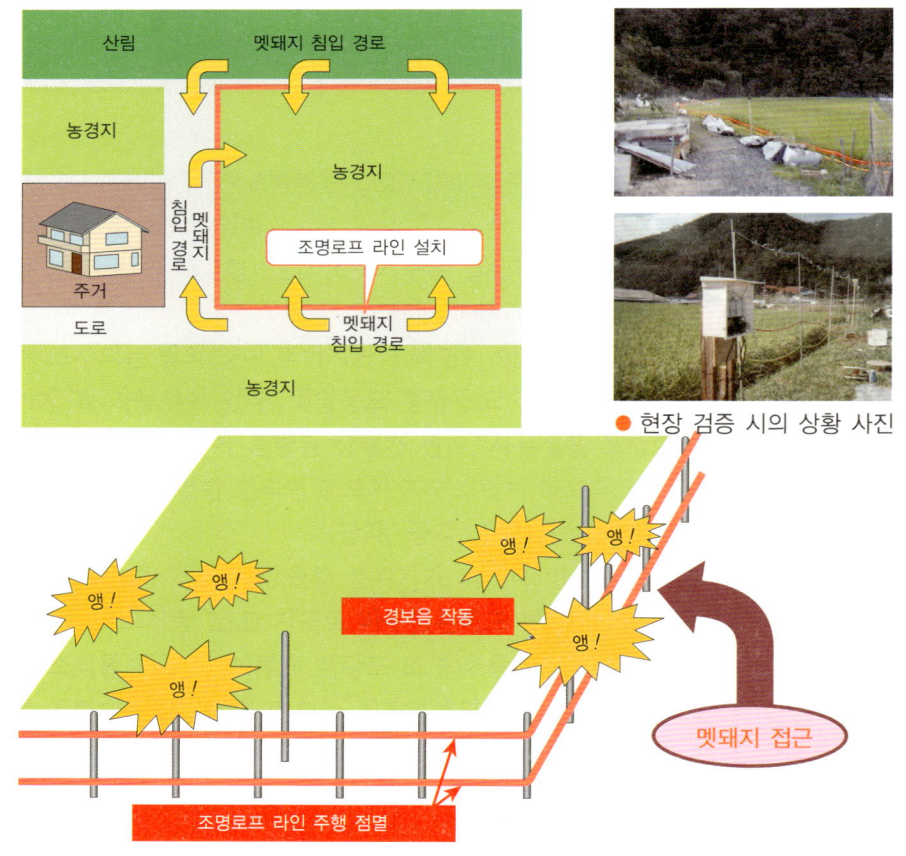

● 현장 검증 시의 상황 사진

● 침입 방지 대책 조명 시스템의 개요

진화하는 조명 트렌드

광원의 높이와 태양의 움직임

■ 광원의 높이와 평온함

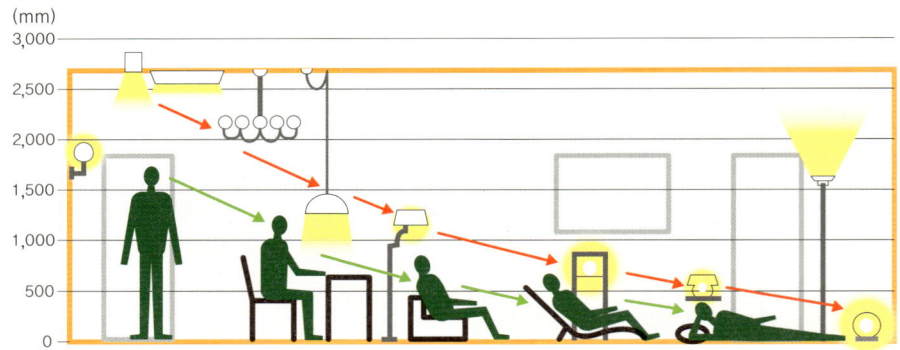

 일년은 정월의 첫날 해돋이를 보는 것에서 시작되며, 하루는 아침 햇살을 받는 것으로 시작된다는 개념이 있다. 하루의 끝은 해 질 녘의 저녁놀에서 느낄 수가 있다. 아늑한 옛날, 태고부터 아침, 주광, 석양에 따라 변하는 태양의 위치와 광색에 의해 하루의 리듬을 느끼며 살아왔다. 태양의 밝기와 빛의 색에 의해서 분위기나 기분까지도 영향을 받는다. 같은 태양인데도 시시각각 변화해 가는 과정에서 빛과 색의 변화를 느끼지 않을 수 없는 것이다.

태양 고도가 가장 높은 남중 시각은 색온도가 가장 높은 빛으로, 최고 조도를 나타내는 강한 빛으로 비춘다. 인간의 활동 시간으로는 가장 활동적인 타임 존이 된다. 그리고 시간이 지나서 황혼이 됨에 따라 태양의 빛은 약해져 색온도는 낮아진다. 태양의 높이와 색온도가 같은 추이를 나타내는 것이다. 해 질 녘이 되어 빌딩이나 나무숲, 자신의 그림자가 길게 노면에 드리워지면 그와 동시에 하루가 지나는 것을 느끼게 된다.

보통 주거 공간에 설치되는 조명기구(광원)의 높이에 의해, 얼굴의 표정이나 천장, 벽 등의 생활 공간의 분위기나 평온함까지 크게 영향을 받고 있음을 상상할 수 있다. 이제는 LED 등의 등장에 의해서, 발광 부분(조명 위치), 발광색(분위기), 발광광도(조도 레벨)를 컨트롤할 수 있게 되었으므로 주거 공간에 태양 연동 추이 조명도 실현 가능하다.

2 조도·색온도에 의해 변하는 쾌적성

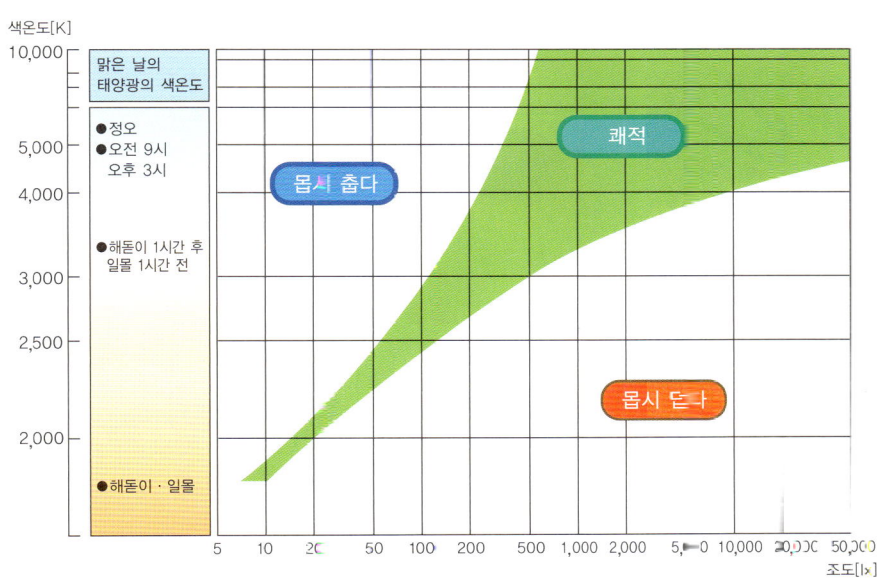

 온도·조도·쾌적성의 관계를 연구하여 통계 자료로 만든 학자는 A. A. Kruithof(크리토프)이다(1941년 발표). 아주 오래전부터 색온도와 빛의 양에 의해 인간이 쾌적함을 느끼는 법을 연구하였던 것이다.

색온도가 낮고 포근한 빛은 어두워도 쾌적하고, 반대로 너무 밝으면 더워서 고롭게 느껴진다. 또 흰색 또는 청백색의 색온도가 높은 빛에서는 밝은 쪽이 쾌적한 것으로 나타나고 있다.

이것은 인간이 태고의 옛날부터 익숙한 태양광의 변화에 조응한 결과라 할 수 있지 않을까?

한낮의 태양의 백색광은 색온도가 높고, 이른 아침이나 석양의 태양광은 색온도가 낮고 좀 어두운 것과 묘하게 일치한다.

3 조명기구의 명칭을 기억하면 편리

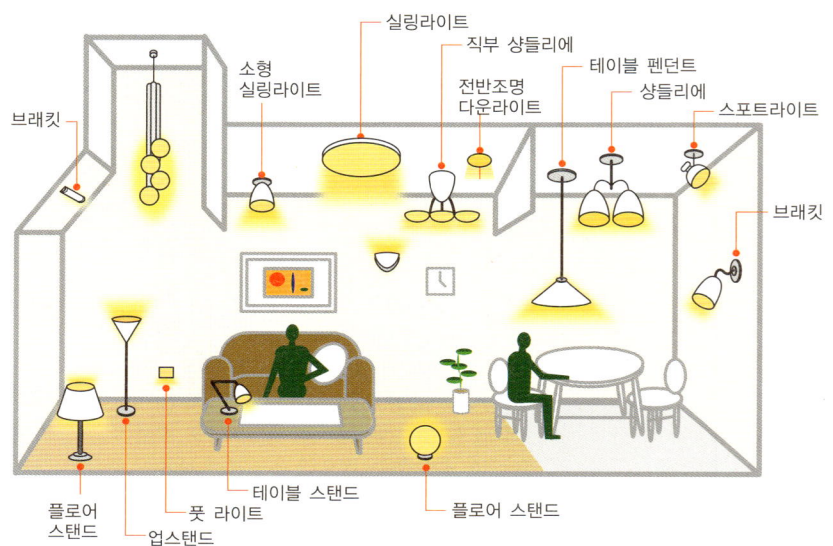

브래킷
소형 실링라이트
실링라이트
전반조명 다운라이트
직부 샹들리에
테이블 펜던트
샹들리에
스포트라이트
브래킷
플로어 스탠드
풋 라이트
업스탠드
테이블 스탠드
플로어 스탠드

조명기구에는 여러 가지 디자인과 설치 기법이 있고, 그에 따라서 조명기구의 호칭 방법이 달라진다. 한번 기억하면 기구 선정이나 집 전체의 조명 플랜을 의뢰할 때 쉽게 의견을 모을 수 있다.

〈실링라이트〉 방의 주조명으로, 천장면에 직접 붙인다. 천장면의 일부분이 되므로 공간을 넓게 사용할 수 있으며, 거는 실링이 있으면 간단하게 설치할 수 있다.

〈펜던트〉 코드나 체인으로 천장에 매달아 사용하는 기구이다. 중앙에 설치해서 전반조명으로 사용할 경우와, 다이닝 테이블 등의 국부조명으로 사용하는 용도가 있다.

〈다운라이트〉 천장 내부에 넣어 보조조명이나 국부조명의 악센트로서 사용한다. 다운라이트는 백열등에서 전구형 형광램프, 그리고 LED 다운라이트로 바꾸어 왔다.

〈브래킷〉 벽면에 붙여서 사용하는 기구로, 주조명의 보조조명으로서 많이 사용되고 있다.

4 건축화 조명은 간접조명이 결정

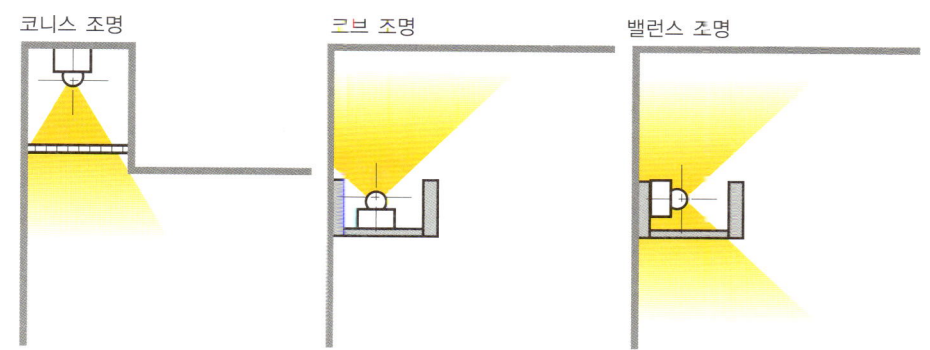

코니스 조명　　　코브 조명　　　밸런스 조명

● **건축화 조명**이란 램프를 천장이나 벽, 바닥 등에 보이지 않도록 설치하고 **건축과 조명을 일체화시킨 조명 기법**이다. 건축 설계 단계에서 조명 계획의 일부분으로 미리 계획해 둘 필요가 있는 경우도 있고, 조명기구의 위치나 빛의 향 조절에는 노하우가 필요하다.

〈코니스 조명〉

모든 빛을 아래쪽으로 향하게 해서 벽면 등에 빛의 음영을 비춘다. 벽면을 밝게 하기 때문에 공간 전체에 확대감이 나타난다.

〈코브 조명〉

모든 빛을 천장면으로 조사하는 간접조명으로, 부드러운 분위기를 연출한다. 보조조명으로서 리빙, 응접, 로비 공간 등에 이용된다.

〈밸런스 조명〉

상하로 빛을 내는 부드러운 간접조명으로, 벽면, 천장면을 조사한다. 코니스 조명과 코브 조명의 병용 효과로, 공간 전체에 밝기감을 낸다.

● 지금까지는 형광등 사용 시 타인조명으로 했으므로, 광색이나 밝기는 거의 고정된 사용법으로 조절했지만, 인버터 형광등은 출력 조정을 할 수 있게 되어 있거나 **LED 직관 타입의 등장**에 의해 램프 교환 등의 메인터넌스도 간단하게 되었다. 밝기만을 강조한 실링라이트로부터 탈피해서 생활 풍경을 조명으로 즐기는 기법으로서 좀 더 다양하게 사용해도 좋은 조명 기법이다.

5 사바나 효과란?

■ 안이 밝으면 들어가기 쉽다　　■ 안이 어두우면 들어가기 어렵다

 사람에게는 원래 밝은 쪽으로 향하는 습관이 있어, 안쪽이 밝으면 안심하고 앞으로 나아갈 수 있다. 그와 반대로 안쪽이 어두우면 왠지 불안해지고, 앞으로 나아가기 어렵게 느껴진다.

이와 같이 빛에 의해서 유도되거나 저항감을 느끼거나 하는 심리적인 현상을 「사바나 효과」라고 한다.

자연계에서도 앞에 빛이 있고 상황 파악이 용이한 경우는 나아가기 쉽고, 정글과 같이 암흑 때문에 앞이 보이지 않는 경우는 발이 움츠러지게 된다.

손님을 쇼핑하도록 유도하는 방법으로서, 슈퍼마켓이나 소매점포 등에서는 안의 벽면을 보다 밝게 하여 적극적으로 손님을 가게 안으로 끌어 들이도록 하고 있다. 조명기구를 천장면에 균등하게 배치하는 것보다는 안쪽 벽면이 밝아지도록 배치하거나 스포트라이트를 추가하는 것이 효과적이라고 말할 수 있다.

6 생체 리듬 응용의 불빛

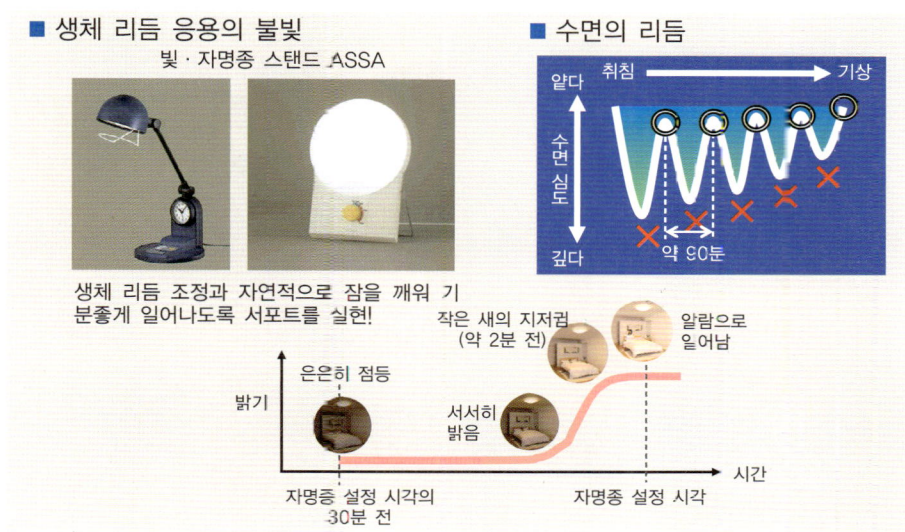

■ 생체 리듬 응용의 불빛
빛·자명종 스탠드 ASSA

생체 리듬 조정과 자연적으로 잠을 깨워 기분좋게 일어나도록 서포트를 실현!

■ 수면의 리듬

얕다　취침 → 기상
수면 심도
깊다
약 90분

작은 새의 지저귐 (약 2분 전)

알람으로 일어남

밝기

은은히 점등

서서히 밝음

자명종 설정 시각의 30분 전

자명종 설정 시각

시간

● 청결·건강·쾌적의 시대가 되어, 생체 리듬을 응용한 불빛이 주목받고 있다. 활성화(각성)를 위한 빛으로서, 빛·활성스탠드 건광욕이나 빛·자명종 스탠드 "ASSA"나 "ASSA 실링라이트"가 있다.

자명종 시계나 휴대 전화 알람음으로 기상하는 것보다는 미닫이 문에서 새어 들어오는 자연계의 빛으로 기상한다는 것이 생각만으로도 기분이 좋아진다.

판매가 생각만큼 좋지 않은지, ASSA 스탠드는 좀처럼 점포에서 찾을 수 없다. 현재 사용하고 있는 것이 고장나면 어쩌나 하는 생각이다.

● 6시 30분에 설정해 놓으면 6시 정도부터 서서히 빛 출력이 증가해서 설정된 시간이 되면 완전히 출력된다. 얼굴에 닿는 빛으로 정해놓은 시간 전에 일어나는 것과 다르지 않다. 물론 잠꾸러기를 방지하기 위해 마지막에는 소리로 알려주는 안심 기능도 있다.

쾌면 사이클의 90분에 맞춰 설정해 두건 한층 쾌적하게 기상할 수 있다. 다음 상품 기획에는 작은 새의 지저귐을 옵션으로 넣었으면 한다.

7 자외선, 가시광선, 적외선

■ UV가 지구 환경에 미치는 영향

파장[nm]

성장장애

면역 기능 저하

농업의 생산량 감소

350
300
250 — UV-A
200 — UV-B
150
100 — UV-C
50
0

〈UV(자외방사선)의 구분〉

UV의 지구 환경

| 몬트리올의정서 | 비엔나조약 |

오존층의 파괴 ⇒ UV 증가

해로운 인자

| 프레온 | 할론 | 브로메탄 |

유익한 인자

적당한 조사로

유전자의 손상

랑게르한스섬의 파괴

바이러스의 활성화

멜라닌 색소의 합성

태양 UV

플라보노이드 색소의 합성

비타민D의 합성

농작물의 성장, 수확량의 증가

광합성

식물

인간을 포함하는 육지 동물

곤충

유전자의 파괴

피부의 염증

백내장   햇빛 알레르기

피부암   살균·소독

UV의 증가가 생물에 미치는 영향

파장 380에서 780나노미터 범위의 전자파를 **가시광선**이라 하고, 밝기로서 감지하고 있다. 그것보다 파장이 긴 적외선은 육안으로는 구별할 수 없지만, 여러 가지 형태의 열로 느낄 수 있다.

적외선을 이용한 예로서는 적외선 코타츠나 가열·건조 등의 공업 응용부터 리모컨 등 폭넓게 이용되고 있다. 또, 가시광선보다 파장이 짧은 범위는 **자외선**이 된다. 태양에 포함되어 있는 자외선이 대기권을 통과하는 사이에 산란·흡수를 반복하고, 살균선과 같이 파장이 짧은 방사선은 지상에 거의 닿지 않는다.

파장 350나노미터 전후의 자외선은 화학 반응 효과가 크고, 파장 300나노미터 전후의 자외선은 건강선이라고도 불리고 있다.

태양 방사선의 5~6%가 UV의 방사량이고, 또 지표에 닿은 96%가 UV-A이고, 남은 4%를 UV-B가 차지하고 있다(UV-C는 지표에 닿지 않는다).

8 에디슨과 백열등

■ 백열등의 기원

1879년에 40시간 이상 빛을 내는 전구의 실험에 성공하였다.
1881년에 「야와타(교토)의 대나무」를 사용한 필르-멘트 램프로, 2,450시간이나 빛을 계속 달성시켰다.
10월 21일을 「빛의 날」로 제정

(일반전구 등)
26mm

(미니클립톤전구 등)
17mm

(할로겐전구 등)
11mm

이와시미즈 하치만궁에 있는 「에디슨 기념비」

교토 하치만시 역전 「전구와 대나무」를 본뜬 심볼탑

전구는 진공 상태의 유리밸브 중앙부에 필라멘트를 설치하고, 백열시켜서 빛을 낸다.

에디슨이 무명실을 탄화시켜 만든 카본 필라멘트를 사용하여 전구를 점등시키는 것에 성공한 날이 1879년 10월 21일이다. 이 날을 기념해서 「빛의 날」이 제정되어 매년 주요 도시에서 전구 배치 등의 이벤트가 개최되고 있다.

또한 최적의 카본 재료를 찾아서 일본에도 기술자가 파견되었다.

그 때에 교토 하치만시의 이와시미즈 하치만궁의 경내 근처에서 채취한 대나무가 가장 성능이 좋았으므로 실용화에 크게 공헌했다고 한다.

유서 깊은 이와시미즈 하치만궁에 에디슨 기념비가 세워져 있는 이유는 그 대문이다.

전구의 구금 소켓은 사이즈별로 E-26, E-39 등으로 불리는데, 이때 E는 에디슨의 머리글자이다. 유럽에서는 지금도 최초로 백열전구를 만든 사람은 영국의 스완이라고 한다. 두 사람의 이름이 각각 전구의 구금 명칭이 되어, 에디슨 베이스, 스완 베이스로서 남아 있다.

9 오징어잡이 배의 집어등

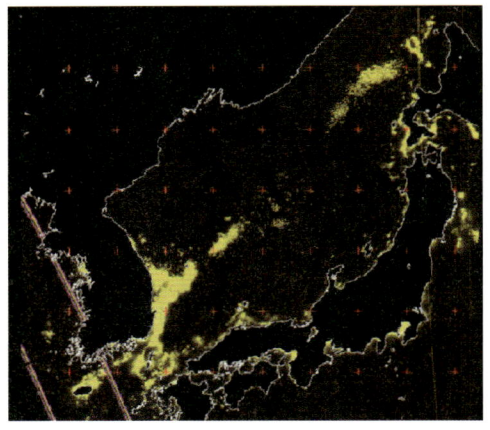

오징어잡이 배의 집어등

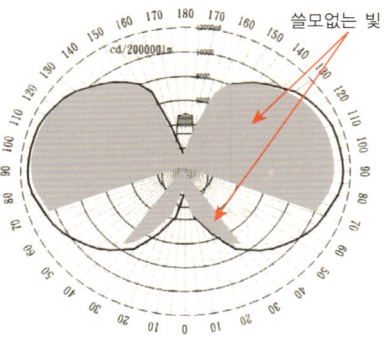

메탈할라이드등의 배광 특성

쓸모없는 빛

 지구주위를 회전하는 위성에서 야간의 일본 열도를 탐사한 사진을 보신 분도 많다고 생각한다. 공업 지대나 도로연선, 빌딩 소재지에 따라서 빛의 띠가 연장되고 있는 사진이다. 위의 사진을 보면 일본 열도 주변의 연안에 빛의 띠가 확산되어 있는데, 오징어잡이 배의 집어등이다. 집어등에 사용되는 램프로서 최초에는 대형의 백열등이 이용되었다. 처음에은 1등, 2등으로 시작해서 1열, 2열로 수가 늘어가고, 19톤의 소형 배에 배치할 수 있는 최대 용량인 30등 2열의 60등을 매달았다. 또한, 램프의 개발은 효율이 높은 할로겐전구, HID로 이어졌고, 대용량과 고와트수를 이루었다. 지금은 HID인 메탈할라이드 램프 3,000W가 사용되고 있다. 3kW×60등으로 180kW이고, 집어등이 모든 방향으로 조명되고 있다. 경기장의 야간 경기 조명과 같은 규모이다.

원래 어획한 오징어를 수납하는 배 안 창고의 대형 안정기도 줄이고, 디젤 발전기도 소형·경량화해서, 중유 사용량도 격감할 수 있는 조명 기법이 있는 것이다.

10 혼시가교와 조명 엔지니어

○ 당시 "꿈의 다리"라고 불린 혼슈와 시코쿠를 잇는 혼시가교는 세 가지 경로가 있다. 그 중 최초에 개통한 것이 오카야마현·코지마와 가나가와현·시카이데를 잇는 세토대교이다.

○ 다리 위의 도로면은 조도 얼룩이 없고, 바다 위에는 만월 밝기의 1/20이 되는 0.01럭스 이하로 한다는 방침이 마련되었다. 항로나 어업에도 영향을 주지 않도록 배려한 세부 사항이지만, 즈도 엔지니어에게는 어려운 문제가 산처럼 쌓이고 있었다. 최종적인 도로용 조명기구는 광학 정밀기구에 걸맞는 반사경과 차광루버를 여러 장 조합시킨 구조를 갖게 되었다.

나머지도 시비어 배광이었기 때문에 플에 설치하면 운전자는 도로등이 환하게 보이지 않는 현상이 발생하여 각 등마다 수작업에 의해 각도 조정이 이루어졌다. 또, 해수면으로 새는 빛의 측정·평가를 요청받았을 때, 암흑의 흔들리는 배에서 측정 포인트를 조도계로 측정한 것은 그리운 추억이 되고 있다.

○ 또, 가교의 메인로프를 따라서 특별 주문한 백열등 기구가 설치되어 계절의 이벤트에 맞춰서 조명되고 있지만, 사실 다리를 조명하려는 목적이 아니라 어디까지나 보수 점검용 조명으로서 설치된 것이다. 이벤트 조명 점등은 그때부터 혼슈시코쿠 연락교공단이 제공하고 있는 서비스의 일환이다.

11 밝기감으로 에너지 절약을 생각한다

■ 에너지 절약을 위해 조도를 낮출 경우, 같은 100럭스만큼 내렸다 하더라도 설정값에 의해서 밝기감의 차이는 크다.

1 000	100lx
700	100lx
500	100lx
200	100lx
100	

■ 베이스조명에 500럭스의 스포트 조명을 한 경우 스포트 효과

2 000   500lx
1 500   1,500+500=2,000 500lx
1 000   1,000+500=1,500 500lx
700   700+500=1,200 500lx
500   500+500=1,000 500lx
200   200+500=700 500lx

이미 아시다시피, 인간의 눈은 우수한 계기이다. 100,000럭스의 한여름 태양 아래에서도 골프나 서핑을 하고, 불과 0.2럭스인 만월의 밝기에서도 천문서의 해설을 읽을 수 있을 정도로 눈은 밝기에 민첩하게 순응하면서 사물을 확인하고 있다. 밝기에 눈이 순응하기 때문에 같은 200럭스라도 사무실 조명일 때는 어두운 느낌이 드나, 학교 운동장의 야간 조명일 때는 눈부실 정도로 밝은 느낌이 든다. 밝기의 차이를 느끼기 위해서는 대략 2~3배의 밝기 차이가 필요하게 된다. 신제품 램프와 비교할 때, 수명 말기의 램프는 광속값이 70% 레벨로 저하해 가지만, 그 차이를 느끼기는 매우 어렵다.

주위가 밝으면 스포트 효과를 내기 위한 조명은 몇 배의 밝기가 필요하게 된다. 점포 내를 밝게 하면 할수록 상품의 조명 효과가 저하한다.

100럭스의 에너지 절약을 가정하였을 때, 사무실의 700럭스를 600럭스로 하는 것과, 공원이나 광장의 200럭스를 100럭스로 하는 것 중 어느 쪽을 선택할 지를 시각적인 관점에서 고찰해 봤으면 한다.

12 밝기를 나타내는 단위는 여러 가지

■ 조도는 밝기를 나타내는 단위가 아니다

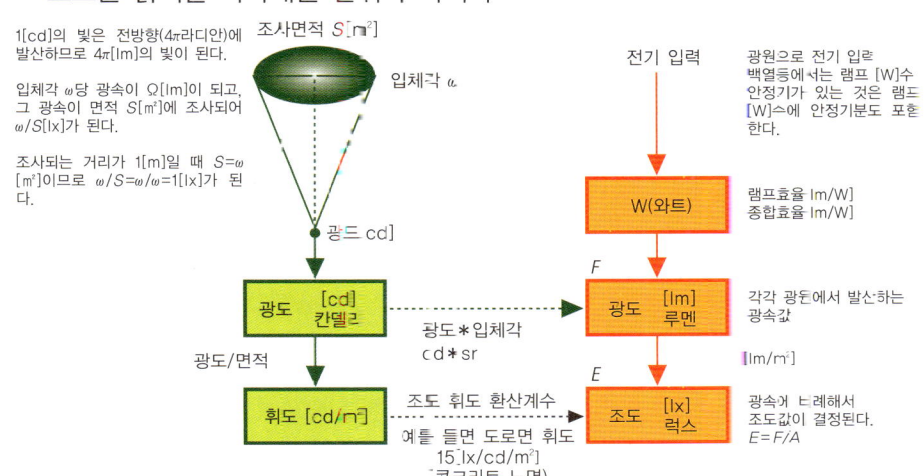

1[cd]의 빛은 전방향(4π라디안)에 발산하므로 4π[lm]의 빛이 된다.

입체각 ω당 광속이 Ω[lm]이 되고, 그 광속이 면적 S[㎡]에 조사되어 ω/S[lx]가 된다.

조사되는 거리가 1[m]일 때 S=ω [㎡]이므로 ω/S=ω/ω=1[lx]가 된다.

조사면적 S[㎡]

입체각 ω

광도 [cd]

전기 입력

W(와트)

램프효율 lm/W
종합효율 lm/W

광원으로 전기 입력
백열등에서는 램프 [W]수
안정기가 있는 것은 램프
[W]수에 안정기분도 포함
한다.

F

광도 [cd]
칸델라

광도*입체각
cd*sr

광도 [lm]
루멘

각각 광원에서 발산하는
광속값

광도/면적

lm/㎡

휘도 [cd/㎡]

조도 휘도 환산계수
예를 들면 도로면 휘도
15 lx/cd/㎡)
(콘크리트 노면)

E

조도 [lx]
럭스

광속에 비례해서
조도값이 결정된다.
E=F/A

● 조도(럭스)는 밝기를 나타내는 단위가 아니다.

설계 업계나 조명 디자인에 종사하는 사람들에게는 조도라는 말을 사용하지 않는 날이 거의 없을 정도로 귀에 익은 용어가 되고 있다. 다만 본래의 의미와는 다르게 사용될 때도 있다. 「어떤 지점에 얼마 만큼의 빛이 도달하고 있는가」를 의미하므로 「이 램프는 조도가 높다」라고는 말하지 않는다. 램프부터 발산하고 있는 빛의 양은 「광속[루멘]」으로 나타낸다.

광속값이 큰 램프일수록 빛을 많이 발산하는 램프이다.

1[lx]라는 조도는 면적 1[㎡]당 광속 1[lm]의 비율로 빛이 입사하고 있는 상태를 나타내고 있다. 조도는 광속에 비례해서 증가한다.

● 특정 포인트에 얼마 만큼 빛이 닿고 있는지를 나타내는 것이 조도이므로, 밝기를 나타내고 있는가 하면 반드시 그런 것은 아니다. 실제로 눈으로 보고 있는 것은 반사되어 자신의 눈으로 향하고 있는 빛일 뿐이고, 조도는 눈에 보이지 않는다. 같은 조도를 나타낸 장소에서도 고반사율의 소재는 밝게 보이고 저반사율의 소재는 어둡게 보인다. 이와 같이 어떤 위치에서 봤을 때 대상물의 밝기는 휘도 [cd/㎡]로 나타낸다.

13 에너지 절약형 조명을 알기 쉽게

■ 조명의 사용 전력량

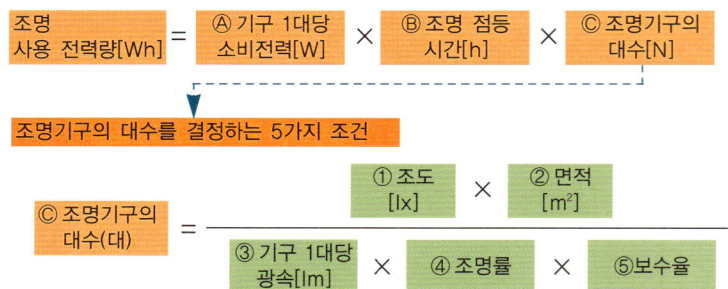

$$
\begin{array}{c}
\text{조명} \\ \text{사용 전력량[Wh]}
\end{array} =
\begin{array}{c}
\text{Ⓐ 기구 1대당} \\ \text{소비전력[W]}
\end{array} \times
\begin{array}{c}
\text{Ⓑ 조명 점등} \\ \text{시간[h]}
\end{array} \times
\begin{array}{c}
\text{Ⓒ 조명기구의} \\ \text{대수[N]}
\end{array}
$$

조명기구의 대수를 결정하는 5가지 조건

$$
\begin{array}{c}
\text{Ⓒ 조명기구의} \\ \text{대수(대)}
\end{array} =
\frac{\text{① 조도[lx]} \times \text{② 면적[m}^2\text{]}}{\text{③ 기구 1대당 광속[lm]} \times \text{④ 조명률} \times \text{⑤ 보수율}}
$$

조명의 에너지 절약은 사용할 때의 전력량을 어떻게 줄이는가에 달려 있다.
그 사용 전력량은 기구 1대당 소비전력, 점등시간, 대수의 적산값이다.
사용 대수는 이 광속법의 계산식이 된다. 어떻게 효율이 좋은 기구를 사용해서
사용 대수를 줄이고, 필요한 광속을 어떻게 적은 소비전력의 기구로 설계하는가
에 달려 있다. 바꾸어 말해 같은 와트수의 기구라면 고효율 램프, 고효율 기구를
사용하여, 결과적으로 기구효율[lm/W]이 높은 것을 선정하도록 한다.

작게 하는 항목

- **소비전력** : 램프의 고효율화, 안정기의 저손실화(인버터화)
- **점등시간** : 센서 연동, 타이머 연동
- **조　　도** : JIS 조도기준 내에서의 설정 조도의 재검토
- **면　　적** : 각 장소마다의 최적 점등 제어

크게 하는 항목

- **램프광속** : 고효율 램프로 변경
- **조 명 률** : 반사율이 높은 기구, 기구 효율이 높은 기구, 내장 반사율을 높게
- **보 수 율** : 광속 유지율이 높은 램프, 청소 메인터넌스

14 ANSI 루멘이라는 단위

10~20명의 사내 프레젠테이션

밝기 3,000[lm]

30명을 넘는 대회의장 프레젠테이션

밝기 5 000[lm]

(프로젝터 화상제공 : 엡손)

제
6
편

진화하는 조명 트렌드

○ 같은 루멘이지만, 프로젝터의 특성을 나타내는 ANSI 루멘이라는 단위가 나오게 되었다. 물론 루멘이기 때문에 광속의 단위이지만, 프로젝터의 성능을 나타내는 데 ANSI 루멘이 사용되고 있다. 이 단위를 사용하여 스크린 면적으로 나누면 스크린 상의 조도를 간단하게 계산할 수 있기 때문에 편리하다.

○ 1,500 ANSI 루멘의 프로젝터로 2m×1.5m 크기의 스크린에 투사했을 때 스크린의 조도는,

$$\frac{1,500\text{lm}}{2\text{m}\times1.5\text{m}}=500\,[\text{lx}]$$ 로 된다

이를 통해 스크린 화상을 보다 선명하게 비출 수 있다. 방의 적성 조도를 1/5~1/10로 하기 위해 이 계산에서 100럭스에서 50럭스로 떨어뜨리면 적합한 것을 알 수 있으며, 실내조도 300럭스 그대로 투영하기 위해서는 1 500럭스 정도의 스크린 조도가 필요하게 되므로, 4,500 ANSI 루멘의 프로젝터를 준비하거나, 아니면 사이즈를 1.2m×0.8m 정도의 크기로 하면 동일한 효과를 내게 된다. 이와 같이 ANSI 루멘은 스크린 사이즈와 스크린 조도와의 관계를 알기 쉽게 계산할 수 있으므로 편리하다.

15 배광 특성을 보는법

● A : 광원 광원(램프)의 품명을 나타낸다.

B : BZ 분류
조명기구의 배광을 분류하는 구분으로, 아래쪽의 배광을 BZ1에서 BZ10까지 10등분하여 분류한다.

C : 기구 효율
조명기구에서 나오는 광속과 광원의 광속과의 비

D : 보수율 어두워진 시점에서도 필요한 조도를 확보하기 위해서 미리 예상하는 수치를 말한다.

E : 기구 간격 최대치
기구의 간격을 최대한 어느 정도까지 떨어뜨리면 좋을지를 나타낸다. 조명기구의 간격이 그 수치이하가 되면 균제도가 유지된다.

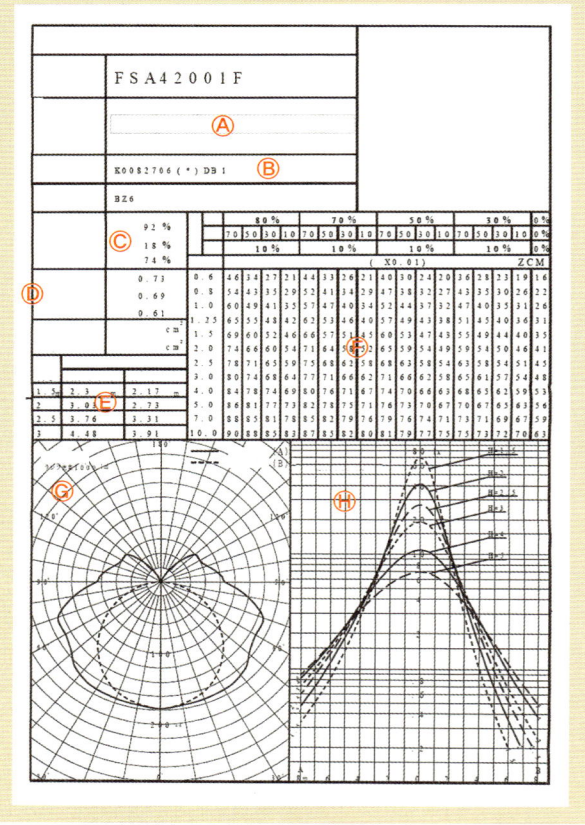

F : 조명율표 광원에서 나온 빛이 작업면에 어느 정도 도달하는가의 비율을 말한다.

G : 배광 곡선 조명기구에서 나오는 빛이 어느 방향으로 어느 만큼의 세기(광도)로 나오고 있는가를 나타낸 것이다.

H : 직사 수평면 조도 기구 직하에 따른 수평 거리(가로축)의 점에서 조도를 직독할 수 있도록 되어 있다.

16 조명 컨설턴트가 되자

조명 컨설턴트로의 길(조명학회 · 조명 기초 강좌)

빛에 대해 배우면 주택은 물론 점포나 사무실과 같은 장소에서 일어나는 일상 생활에 도움을 주고, 조명 계획 · 조명 컨설팅 등의 능력을 높여주는 통신 교육이다. 이 강좌는 조명에 흥미가 있는 사람이라면 누구라도 수강할 수 있다. 커리큘럼을 수료하면 「조명 컨설턴트」의 칭호가 주어진다.

조명사로의 스텝 업(조명학회 · 조명 전문 강좌)

보다 고도한 조명의 소프트나 하드면을 파악하고, 시니어 · 컨설턴트를 육성하는 「조명 전문 강좌」도 개강되고 있다. 이 강좌는 「조명 관련 업무에 관계된 사람들이 전문 지식을 습득하는 강좌」이고, 합격자에게는 「조명사」의 칭호가 주어진다.

조명 프로페셔널

2010년부터 조명 분야에서 활약하는 실적을 높이고 있는 회원을 대상으로, 조명이 전문 분야인 것을 회사에 널리 알리기 위해 「조명 프로페셔널」 인정을 시작하고 있다. 「조명 프로페셔널」은 조명으로 사회에 공헌하는 것을 목표로 하며, 각각의 폭넓은 전문 분야와 학회 행사를 통해 모든 업계에 컨설팅을 지원하고 있다.

17 조명 설계에 편리한 IT 툴

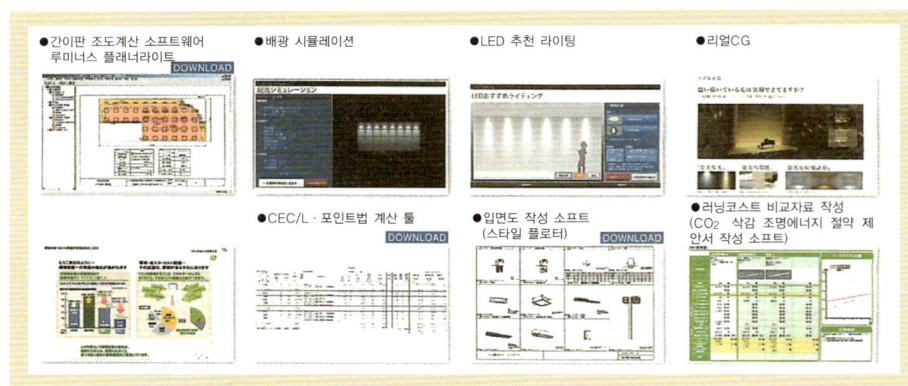

- ●간이판 조도계산 소프트웨어
  루미너스 플래너라이트 DOWNLOAD
- ●배광 시뮬레이션
- ●LED 추천 라이팅
- ●리얼CG
- ●CEC/L·포인트법 계산 툴 DOWNLOAD
- ●입면도 작성 소프트
  (스타일 플로터) DOWNLOAD
- ●러닝코스트 비교자료 작성
  (CO2 삭감 조명에너지 절약 제
  안서 작성 소프트)

 조명기구를 제조하는 각 회사도 조명 설계에 편리한 IT 툴을 홈페이지에서 제공하고 있다. 여기서는 파나소닉을 예로 들어 설명하겠다.

■P.L.A.M 조명 설계 서포트 사이트

- 조명 용어 설명
- 조명 설계 자료 : 조명 설계에 관한 기초에서 설계 응용 방법까지, 폭넓은 항목에 대해 상세하게 설명하고 있다. 조명의 기본편, 조명 설계·계획편, 조명관련 설비, 조명 계산편에 대해 설명한다.

(설계에 관한 툴 소프트웨어)

- 간이 조도계산 소프트웨어(무료 제공판)
- 제안서 자동 작성 툴
- CECL/L·포인트법 계산 툴
- 입면도 작성 소프트
- 배광 시뮬레이션
- LED 추천 라이팅
- 리얼 CG 소개
- 러닝코스트 비교자료 작성

■LED 조명 EVERLEDS 사이트

18 조도 계산 소프트웨어의 소개

조도계산 툴 「루미너스 플래너 라이트」
 http://www2.panasonic.biz/es/everleds/support/lpl.html
조도계산 소프트웨어의 무상 다운로드

2011.11.8 버전 업(Ver6.16)

| Luminous Planner | Luminous Planner Lite(簡易版) |

Luminous Planner Lite (루미너스 플래너라이트

조명설계 어플리케이션(간이판)

照度分布など照明のプランニングに必要な計算を
お手持ちのパーソナルコンピュータで
スピーディかつ正確に計算。
出力分布図や計算書などの資料が出力できます。

▲照度分布図　　　　　　　　　　　　　　　　　　　　　　▲室内照明設計

◉ 실내 소요 대수·평균조도 계산

- 방의 조건이나 필요한 조도, 조명기구의 종류 등을 입력하는 것으로, 기구 대수나 배치도를 자동적으로 계산한다. 대수를 입력하면 실내의 평균조도를 자동 계산한다.
- 조도분포도 및 건축 설비 설계 사양의 계산서를 출력할 수 있다.
- 조도분포계
- 조도기구를 임의 위치에 배치한 경우 조도 분포를 계산할 수 있다.
- 다각형(임의)의 실내 등에서도 평균조도를 계산할 수 있다.
- 방 형태나 조명기구의 배치를 평면도, 입면도, 사시도로 표시할 수 있기 때문에 입력 내용을 용이하게 확인할 수 있다.

◉ CAD의 제휴

- CAD 도면 데이터(DXF)에서 방 형태나 기구 배치를 습득하고, 조도 분포 계산 결과를 CAD 도면에 붙일 수 있다.

19 조도 계산 소프트웨어의 활용 예

조도 계산 소프트웨어(루미너스 플래너)

단위 : lx

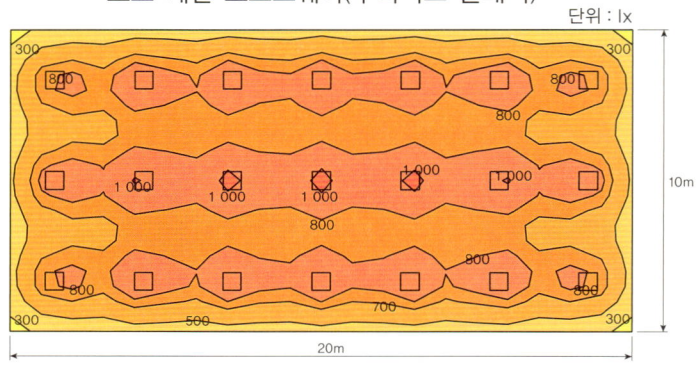

	전체
평균조도	727lx
최소조도	231lx
최대조도	1054lx
G1 최소/평균	0.318
G2 최소/최대	0.219

기구 품번	NNF45520-LX9(100-242V)
기구 종류	일체형 LED 매입 스퀘어 타입 하면 판넬
램프	NNF45520
전광속	9980m
보수율	0.81
기구 코드	K0123146
설치 높이	2.8m
설치 대수	21대

조도계산 입력샘플 조도계산 입력샘플 (일체형 스퀘어 LED)	수평면 조도분포도 계산면 높이 0.8m	작성 2012.4.12	파나소닉 주식회사	관리번호 조도계산 입력 : 26 A
	반사율 천장 50% 벽 30% 바닥 10%	축척 1/100	오사카 조명EC	

 🔆 조도 계산 조도분포도 보는 법

- 설정한 공간 내에 배치한 조명기구 레이아웃이 종류마다 심볼을 바꾸어 배치된다.
- 조도 계산면이 바닥면인지 책상면인지 등에 따라서 계산면 높이가 표시된다.
- 설정한 방의 반사율이 천장, 벽, 바닥의 순으로 %로 표시된다.
- 조도 계산 데이터로서, 기구 품번, 기구 종류, 램프, 전광속, 보수율, 기구(배광) 코드, 설치 높이, 설치 대수가 각각 기재된다.
- 조도 분포 데이터로서, 평균조도, 최소조도, 최대조도, 균제도 G1(최소/평균), 균제도 G2(최소/최대)가 산출된다.
- 일반적으로 최대조도는 방 중앙부, 최소조도는 방의 모퉁이에서 측정된다.

참 고 문 헌

참고 도서

(1) (사)조명학회편 : 최신 알기 쉬운 명시론, 조명학회(1977)

(2) (사)조명학회조명보급회 : 빛 문화와 기술, 조명보급회 창립 30주년 기념출판 위원회
(1988)

(3) (사)조명학회 : 조명핸드북, 옴사(2003)

(4) (사)조명학회 : 조명기초강좌 텍스트(2012)

(5) 일본조명기구공업회 : 조명기구 리뉴얼의 추천

(6) LED 조명추진협의회 : LED 조명핸드북, 옴사(2006)

(7) (사)일본도로협회 : 도로조명시설설치기준·동해설(2007)

(8) JIS Z 9110 : 2010 조명기준총칙, 일본규격협회(2010)

(9) 마츠시타 전기조명연구소편 : 빛의 백과, 동양경제신보사(1992)

(10) 마츠시타 전공(주) : 조명설계자료 C-31(1997)

(11) 마츠시타 전공(주) : 조명분사 : 마츠시타 전공 조명사업 50년사(2002)

참고 논문

(1) 암순응 과정에 있어서 물체색에 대한 색각 특성에 관한 연구, 조명학회영문지, 2012.3,
센다이 가즈오, 나카시마 요시오, 다카가츠 마모루

참고 홈페이지

(1) 일반사단법인 조명학회, http://www.ieij.or.jp/index.html

(2) 일반사단법인 일본전구공업회, http://www.jelma.or.jp/

(3) 일반사단법인 일본조명기구공업회, http://www.jlassn.or.jp/

(4) 특정비영리활동법인 LED 조명추진협의회 http://www.led.or.jp/

(5) 파나소닉(주)에코솔루션사, http://panasonic.co.jp/es/

(6) 조명설계 서포트사이트 P.L.A.M., http://www2.panasonic.biz/es/lighting/plam/

참고 카탈로그(파나소닉(주) 관련)

(1) 시설·옥외·점포용(2012~2013)

(2) LED 조명종합 카탈로그 ver.2(2012)

(3) 램프종합 카탈로그(2012)

(4) EVERLEDS LED 전구(2012)

(5) EVERLEDS LED 다운라이트(2012)

(6) EVERLEDS LED 베이스라이트(2012)

(7) 환경배려형 조명기구 W 에코(2012)

(8) 긴 수명 광원 시리즈 EVER LIGHT(2011)

LED 관련 KS 규격 안내

No	표준번호	표준명	재정/개정일	고시번호	담당부서
121	KS C 7719	LED 손전등	2012/12/28	2012-0812	신산업표준과
122	KS C 7718	LED 비행장 매립등	2012/12/28	2012-0812	신산업표준과
123	KS C 7717	LED 횡단보도등	2012/12/28	2012-0812	신산업표준과
124	KS C 7716	LED 터널등기구	2011/08/30	2011-0305	신산업표준과
125	KS C 7713	LED 경관등기구	2011/05/31	2011-0138	신산업표준과
126	KS C 7712	LED 투광등기구	2011/05/31	2011-0138	신산업표준과
127	KS C 7711	LED 지중 매입등기구	2011/05/31	2011-0138	신산업표준과
128	KS C 7659	문자 간판용 LED 모듈의 안전 및 성능요구사항	2013/07/12	2013-0233	신산업표준과
129	KS C 7658	LED 가로등 및 보안등 기구	2011/08/30	2011-0306	신산업표준과
130	KS C 7657	LED 센서등기구의 안전 및 성능 요구사항	2009/06/30	2009-0309	신산업표준과
131	KS C 7656	이동형 LED 등기구의 안전 및 성능 요구사항	2010/12/23	2010-0630	신산업표준과
132	KS C 7655	LED 모듈 전원공급용 컨버터의 안전 및 성능 요구사항	2011/12/30	2011-0692	신산업표준과
133	KS C 7654	LED 비상등기구의 안전 및 성능요구사항	2009/12/31	2009-0984	신산업표준과
134	KS C 7653	매입형 및 고정형 LED 등기구의 안전 및 성능 요구사항	2013/07/12	2013-0233	신산업표준과
135	KS C 7652	컨버터 외장형 LED 램프의 안전 및 성능 요구사항	2013/07/12	2013-0233	신산업표준과
136	KS C 7951	컨버터 내장형 LED 램프의 안전 및 성능 요구사항	2013-07-12	2013-0233	신산업표준과
141	KS C 7104	발광다이오드(LED)의 성능평가 방법	2005/07/29	2010-0601	신산업표준과
629	KS A 7715	LED 도로표지병	2011/08/30	2011-0305	신산업표준과

국가표준인증 종합정보센터
www.standard.go.kr

찾아보기

Lighting Handbook

조명 핸드북

照明学会 編 / 건축전기설비기술사 · 조계술 · 양준석 · 서범관 監譯 / 박한종 · 이드희 譯

조명관련 기술자, 연구자 필수 지침 핸드북

특징

① 기초부터 실제의 조명설계, 응용까지 조명공학과 기술을 체계화한 하나뿐인
  핸드북!
② 조명설계 · 계획 등의 실무에 사용될 내용과 활용 가능한 데이터, 자료를 총망라!
③ 조명설계의 IT 응용, 환경, 에너지 절약, 유니버설 디자인 등 최근의 경향을
  수록한 내용!
④ 각 전문 분야의 일인자들로 구성된 집필진과 학회가 총력을 쏟아 편집한 확실한
  내용!
⑤ 사전으로도 활용 가능한 충실한 색인!

4×6배판 / 896쪽 / 45,000원

목차

121-838 서울시 마포구 양화로 127 첨단빌딩 5층(출판기획 R&D 센터) TEL : 02)3142-0036
413-120 경기도 파주시 로달로 112(제조 및 물류) TEL : 031) 955-0511

千代 和夫 (센다이 가즈오)

- 1975년 3월 후쿠야마대학 공학부 전기공학과졸업
- 1975년 4월 마쓰시타전공(주) 입사. 조명사업본부에 배속. 츄고쿠, 오카야마, 시코쿠, 호쿠리쿠, 나고야 등 각지의 엔지니어링 센터에서 조명제안 활동에 종사. 스포츠 경기시설, 도로터널, 교량, 사무실, 점포, 공장 등 조명설계 현장에서 기술지도
- 2002년 ~　조명사업본부에 신시장개발부 발족에 따라 LED 신사업센터 신시장개발부장. LED 조명분야의 시장개발에 일관하여 새로운 기술개발과 폭넓은 산업분야에 대한 조명제안을 담당
- 2007년 ~　(주)마쓰시타전공 창조연구회로 이동하여 조명기술 연수의 전임강사를 담당(2008년 파나소닉(주) 마쓰시타전공 창조연구회, 2012년 파나소닉에코솔루션즈 창조연구회(주)로 회사명 변경).
- 2012년　(주)파나소닉 계열의 에코솔루션즈 창조연구회에서 정년퇴직. 정년기에 (주)센다이기술연구소를 설립. 「암순응 과정에서의 물체색에 대한 색각 특성에 관한 연구」에서 공학박사호를 취득
- 기술사(전기전자부문), 공학박사, 조명프로픽션(조명학회)
- 조명분야의 기술연구와 에너지절약기술강연회의 강사 등을 역임, '기술로 사회에 공헌'을 모토로 생애현역을 실행 중
- 소속 학회단체 : 일본기술사회, 조명학회, 전기설비학회

알기 쉽게 해설한
LED 조명

2014. 4. 30. 초 판 1쇄 발행
2016. 2. 24. 초 판 2쇄 발행

지은이 │ 센다이 가즈오(千代 和夫)
옮긴이 │ 구기준
펴낸이 │ 이종춘
펴낸곳 │ BM 주식회사 성안당
주소 │ 04032 서울시 마포구 양화로 127 첨단빌딩 5층(출판기획 R&D 센터)
　　　 10881 경기도 파주시 문발로 112(제작 및 물류)
전화 │ 02) 3142-0036
　　　 031) 950-6300
팩스 │ 031) 955-0510
등록 │ 1973.2.1 제406-2005-000046호
출판사 홈페이지 │ **www.cyber.co.kr**
ISBN │ 978-89-315-2443-7 (13560)
정가 │ 20,000원

이 책을 만든 사람들
진행 │ 이희영
교정·교열 │ 이제선
전산편집 │ 김인환
표지 디자인 │ 박원석
홍보 │ 전지혜
국제부 │ 이선민, 조혜란, 김해영, 김필호
마케팅 │ 구본철, 차정욱, 나진호, 이동후, 강호묵
제작 │ 김유석

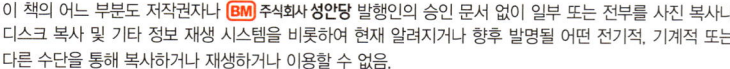